# Berner Sennenhund

von Isabella Lauer

Gestaltung: Ravenstein + Partner, Verden
Satz: das Agenturhaus, München
Lektorat: Dr. Gabriele Lehari
Coverfoto: Karl-Heinz Widmann
Fotos: Lehari, Wagner, Widmann
Druck: Westermann Druck, Zwickau



Printed in Germany

ISBN 978-3-86127-766-8

# Berner Sennenhund

# Inhalt

*Vorwort*

*Der Berner Sennenhund lebte jahrzehntelang im Schatten des Bernhardiners. Heute ist es umgekehrt: Allein bei den Züchtern der VDH-Vereine kommen im Vergleich zu diesem fast dreimal mehr Sennenhunde zur Welt. So finden wir ihn seit Jahren unter den beliebtesten Hunderassen, etwa auf Rang 10, und das hat gute Gründe: stattlich und doch nicht so groß wie der Bernhardiner, hübsch und vom Wesen her extrem freundlich, kinderlieb und treu. Er ist ein wunderbarer Familienhund, und es wundert daher nicht, dass so viele Halter von ihm schwärmen und ihn als die ideale Rasse weiterempfehlen.*

*Sie brauchen natürlich nicht unbedingt eine Familie zu haben, um mit diesem Hund eine beglückende Partnerschaft zu erleben. Es genügt, wenn Sie einen Garten, Zeit zum Spazierengehen, ein großes Zuhause und ein fast ebenso großes Herz für Ihren Hund haben. Er ist einer, der mit Ihnen durch dick und dünn geht, Ihnen die Wünsche von den Lippen liest, der aber nicht zu sportlichen Höchstleistungen oder gar als Zwingerhund tauglich ist. Wenn Sie ihn glücklich machen, wird er Sie glücklich machen.*

*Lesen Sie hier, wie einfach das geht, wenn man seine Seele begreift.*

# Der Schöne aus der Schweiz

Wunderbar ausgewogen in den Proportionen, die Zeichnung ebenmäßig, das Fell lang, wellig und glänzend. Der Berner Sennenhund ist schon ein besonders hübscher Hund. Aber das Schönste an ihm kommt von innen, und das verrät dieser seelenvolle Blick aus tiefbraunen Augen: Sein liebevolles Wesen, das den Berner Sennenhund zu einem ganz besonderen Hund macht.

*Das Aussehen ihres Hundes war den Bauern egal. Für sie zählten allein seine Leistung und sein guter Charakter. (Foto: U. Schanz)*

# Was ihn so liebenswert macht

Er ist „wohl der schönste Hund, den es gibt". So schwärmerisch schrieb vor 75 Jahren Professor Dr. Albert Heim, Schweizer Hundeexperte, über den Berner Sennenhund. Und so großzügig sind auch heute die Halter dieser Rasse mit ihrem Lob über ihn. Tatsächlich spricht sein Äußeres viele Hundefreunde an: Die stattliche Figur, das wellige lange und lackschwarze Haar am Körper im Kontrast zum Schneeweiß von Brust und Blesse und den rotbraunen Abzeichen, das ergibt eine sehr hübsche Kombination. Und wer ihm in die Augen sieht, kommt nicht davon los: Diese treuen braunen Augen strahlen eine Liebenswürdigkeit aus, die Hundefreunden sofort ans Herz geht.

Ein Berner Sennenhund erscheint vielen als das Idealbild eines Hundes: groß, kräftig, knuddelig wie ein Bär, freundlich zu Mensch und Tier, kinderlieb, geduldig und ruhig. Mit diesen Eigenschaften hat er sich in den vergangenen 15 Jahren zu einer der beliebtesten Hunderassen entwickelt. In der Welpenstatistik des VDH, des Verbands für das Deutsche Hundewesen, in Dortmund liegt er an zwölfter Stelle und ist mit jährlich rund 1500 dort registrierten Welpen etwa so häufig vertreten wie der Golden Retriever. Die tatsächliche Welpenzahl liegt noch um einiges höher, da es viele verschiedene Zuchtverbände und -vereine gibt, die nicht dem VDH angehören.

*Große, massige Hunde hielten sich die Bergbauern in der Schweiz seit der Bronzezeit. (Foto: G. Abels)*

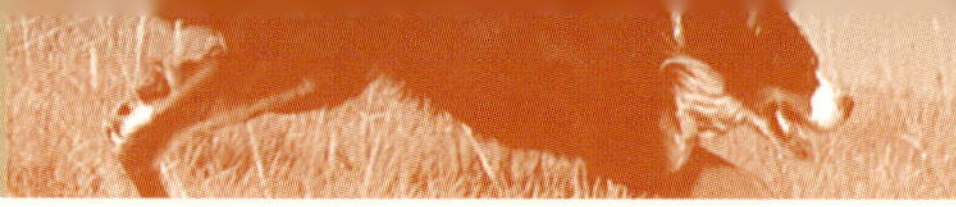

## Vorfahren: unbekannt

Die ursprüngliche Heimat des Berner Sennenhundes sind Berghöfe in den Schweizer Alpen bei Bern. Dort hält man „schon immer" große Berghunde, die sich regional im Aussehen unterscheiden und vermutlich durch Vermischung mit Einwandererhunden zu den heutigen Rassen Bernhardiner, Berner Sennenhund, Großer Schweizer Sennenhund, Entlebucher und Appenzeller führten. Das „schon immer" ist deshalb in Anführungszeichen gesetzt, denn die Kynologen, also die Hundeforscher, können heute nicht mehr mit Sicherheit sagen, woher die Bergbewohner diese Art Hunde haben, weil man nur wenige prähistorische Hunde in den Alpen gefunden hat und aus der Jäger- und Sammlerzeit, also bevor der Mensch sesshaft wurde, bislang keine Hinweise auf Hundehaltung in der Schweiz fand. Hunde ähnlicher Statur und Fellqualität gibt es auch in anderen Berggebieten, zum Beispiel in den Pyrenäen und in den Karpaten. Auch in Tibet hat sich diese Form entwickelt, und manche Hundekenner meinen, dass die Alpenhunde Abkömmlinge dieser fernöstlichen Hunde, speziell der Tibethunde sind.

*Die Bergbauern brauchten einen zuverlässigen Wächter für ihren Hof, der alles selbstständig schützte, aber Hühner, Gänse, Kaninchen und anderes Kleingetier in Ruhe ließ. (Foto: INFO-Hund/Krämer)*

Geht man in die Frühgeschichte der Schweizer Bergbewohner zurück, sieht man, dass schon in den ersten Ansiedlungen Hunde lebten. Diese Epoche nennt man Jungsteinzeit (4000 bis 1800 vor Christus). Damals wurden die Menschen, die bislang von der Jagd und vom Sammeln von Beeren und Früchten lebten, sesshaft. Sie lebten in einfachen Pfahlhütten, bauten Getreide und Gemüse an und hielten sich Schweine und eine kleine Rinderart. Bei ihnen lebte eine Hundeart, die man heute „Torfhund" nennt und etwa halb so groß war wie ein heutiger Berner Sennenhund. Über das genaue Aussehen des Torfhunds weiß man nichts, und welche Funktionen er gehabt hat, bleibt weitgehend Spekulation. Er wurde gegessen. So viel weiß man.

Die Gesellschaft veränderte sich mit der Entdeckung von Metall. In der Bronzezeit (1800 bis 800 vor Christus) entstanden Handwerksberufe und allmählich soziale Schichten. In den Ausgrabungen, die man dieser Zeit zuordnen kann, tauchen zum ersten Mal die Knochen großer Hunde auf, die den Maßen heutiger Berner Sennenhunde, Rottweiler oder Hovawarts entsprechen. Die Bronzezeit ist daher für den Hundekundler besonders interessant.

Woher diese großen Hunde plötzlich kamen, ist ungewiss, denn zu dieser Zeit waren weder die Römer bereits über die Alpen gekommen noch hatten die Völkerwanderungen eingesetzt. Wahrscheinlich sind einzelne Völkergruppen in den süddeutschen/schweizerischen Raum eingedrungen und brachten ihre vierbeinigen Begleiter mit.

Man kann auch vermuten, dass die Menschen schon damals begonnen haben, Hunde für verschiedene Zwecke zu züchten. Jeder Züchter weiß, wie schnell es geht, die Größe bestimmter Hunde zu steigern, wenn man konsequent nur die größten Exemplare herausnimmt und sie optimal ernährt. Zur Bronzezeit war die Ernährung der Menschen vielfältig und gesichert und die der Hunde damit auch.

Eine andere Theorie besagt, dass man vielleicht Wölfe eingekreuzt hat, die es damals noch in Mitteleuropa gab. Doch das ist mehr als fraglich. Auf den Bauernhöfen, wo Hühner und andere Tiere frei herumliefen, waren Hunde mit möglichst wenig Jagdinstinkt gefragt.

Mit der Eisenzeit (800 bis 50 vor Christus) differenzierte sich die Gesellschaft stärker, und man hielt Hunde für bestimmte Zwecke, als Hofhund, als Jagdhund, als Hirtenhund, als Karren-

*„Cindy vom Gooskamp“, hier sieben Monate alt, ist eine typische moderne Berner Sennenhündin. Bis zum Alter von drei Jahren wird sie noch in die Breite gehen. (Foto: G. Abels)*

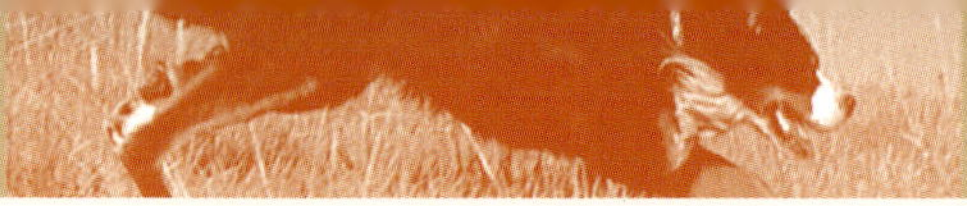

*Eine Weide voller Kühe reizt noch heute manchen Sennenhund zu einem spontanen Viehzusammentrieb. (Foto: G. Abels)*

hund und für andere Dienste. Nun kann man deutlich erkennen, dass die Hunde gezielt als Gebrauchshunde gehalten wurden. Mit den Kelten, die zu dieser Zeit einwanderten, kamen vermutlich wieder neue Hunde in den Alpenraum. Ebenso durch die Römer, die vor 2000 Jahren ganz Mitteleuropa besetzten und immerhin 300 Jahre den Schweizer Alpenraum beherrschten. Dass römische Kampfhunde, große molosserartige Tiere, bis zu den Bergbauern und zu deren läufigen Hündinnen vordrangen, kann man sich zwar vorstellen, aber man weiß nicht, in welchem Umfang Einkreuzungen stattfanden und ob diese Tiere, die selbst auf die Tibetdoggen zurückgehen sollen, das Aussehen des Schweizer Berghunds geprägt haben.

Wenn man bedenkt, wie unzugänglich diese Bergwelt ist und wie wenig aufgeschlossen die Bevölkerung dort Fremden gegenüber ist, erklärt sich, dass sich diese Hunde einheitlich erhalten haben. Tiere mit der typischen dreifarbigen Zeichnung mit den rostroten Augenbrauen, die zur Bezeichnung „Vieräugerl" geführt haben, beschränken sich auf das Gebiet der deutschsprachigen Schweiz bis ins nördlich angrenzende alemannisch-süddeutsche Gebiet. Dies blieb jahrhundertelang unverändert, denn für den Berghund interessierte sich außer den Leuten auf dem Land keiner. Und kaum ein Städter außerhalb der Schweiz sah überhaupt einmal einen Sennenhund. Vor 200 Jahren bezeichnete der Adel die Bauernhunde geringschätzig als „Köter", im Gegensatz zu den eigenen Jagdgefährten und den Schmusehündchen der feinen Damen. So gab es auch bei Hunden ein soziales Gefälle. Im 18. Jahrhundert hätten die Verwaltungen am liebsten allen Nichtadligen die Hundehaltung verboten. Aus dieser Zeit, als viele herrenlose Hunde in den Dörfern und Städten streunten und manche von armen Leuten zum Wildern abgerichtet wurden, stammt die Erfindung der Hundesteuer.

Die Bauern im Kanton Bern hatten es im Vergleich zu manchen anderen in Europa noch relativ gut. Sie hatten große Höfe, fruchtbaren Boden und eine umgängliche Verwaltung, die den Bauern ermöglichte, wohlhabend zu werden. Mit dem Reichtum der Landleute kamen aber auch Hausierer und Bettler, die sich der Bauer nur mithilfe eines zuverlässigen Hofhundes vom Hals halten konnte. Die großen Hunde waren von Vorteil, weil sie allein schon von ihrer Statur her abschreckend wirkten.

So war die Aufgabe des Berner Sennenhunds vor allem das Hofhüten und weniger das Viehtreiben. Obwohl der Berner Sennenhund den „Senner" im Namen trägt, wurden wohl die kleinen und wendigeren Verwandten, die Appenzeller und die Entlebucher, mehr als Viehtreiber eingesetzt als die Berner. Neben der Größe unterscheiden sich die Berner auch in der Haarlänge. Ein langes, dichtes, wetterfestes Fell war auf jeden Fall für einen Hund, der viel draußen herumliegen und aufpassen musste, mehr von Vorteil als kurzes Haar.

Die Bauernhunde blieben also unter sich wie auch die Bauern, die weder Reisende noch Reisen mochten. Sie hatten es auch nicht nötig, weit zu fahren, denn sie produzierten alles, was sie brauchten, auf dem Hof. Oder die Dinge waren in der näheren Umgebung erhältlich.

Mit den Hunden war es nicht anders. Wer eine gute Hündin auf dem Hof hatte und Nachwuchs von ihr haben wollte, besorgte sich in der Nachbarschaft einen guten Rüden. Üblicherweise gab man dem Besitzer des Rüden später einen Welpen als Entgelt. Taugte ein Welpe nicht als Hofhund, etwa weil er zu gern jagte, zum Streunen neigte oder zu aggressiv war, wurde er in der Regel getötet. Es war zwar eine barbarische Art der Selektion, die die Bauern da betrieben, aber es führte zu einem relativ einheitlichen Charakterbild ihrer Hunde, die außerordentlich wesensfest gewesen sein müssen.

Es waren also Hunde, die wachsam jeden Besucher meldeten, sich jedoch nicht auf ihn stürzten. Hühner, Gänse, Katzen und anderes Kleingetier, das auf dem Hof frei herumlief, mussten sie einfach ignorieren. Es ist auch heute noch so, dass sich der Berner Sennenhund nicht sehr für Federvieh interessiert (aber Ausnahmen bestätigen die Regel).

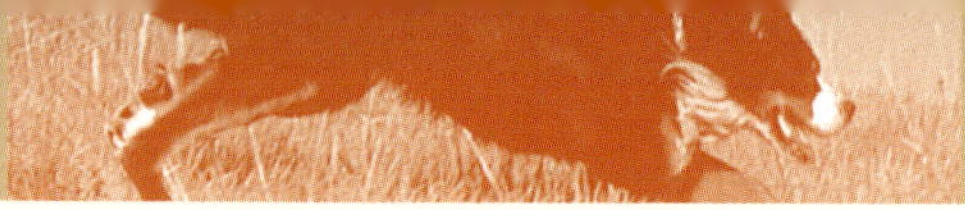

Was Katzen angeht, ist der Sennenhund meist zu schwerfällig, um eine zu erwischen. Sein Jagdtrieb ist ohnehin gering. Auf den Bauernhöfen konnte man nur Hunde brauchen, die auch zuverlässig beim Hof blieben und sich nicht durch Kaninchen weglocken ließen. Außerdem war den Bauern jede Form von Jagd verwehrt. Die Rechte lagen bei der Obrigkeit, beim Adel, bei den Jägern und Forstleuten, und so wurde auch jeder Hund, den man beim Wildern erwischte, erschossen. Und das ist noch heute so.

Die Sennenhunde hatten andererseits einen starken Rudeltrieb mitzubringen, um Kühe zusammen- oder in die Ställe zu treiben.

Dieses Interesse an großen Tieren haben die Hunde noch heute: Wenn Sie mit Ihrem Berner Sennenhund an einer Kuhweide entlanggehen und nicht aufpassen, dann kann es passieren, dass er unter dem Zaun durchstürmt und übermütig hinter den Rindern herspringt. Es kann ebenso geschehen, dass sie ihn auf die Hörner nehmen, was ihn aber nicht dazu bringen wird, in Zukunft einen Bogen um Rinder zu machen.

Im Umgang mit den vertrauten Menschen mussten die Bergbauernhunde absolut friedlich und gutmütig sein, das Haus, Alte und Kinder aber zuverlässig bewachen. Und schießlich wurden die großen Sennenhunde auch als Zughunde vor den Milchkarren und vor den Schlitten gespannt.

Aus diesen Tieren entwickelte man den modernen Berner Sennenhund, der seit Jahrzehnten allerdings vor allem auf äußerliche Merkmale gezüchtet wird. Das hat den Nachteil, dass sich charakterlich besonders wertvolle Tiere nicht weitervermehren dürfen, wenn die Fellzeichnung nicht optimal ist. Andererseits wird leider auch dann mit einem besonders schön gezeichneten Tier weitergezüchtet, wenn dieses vom Wesen her nicht ideal ist, zum Beispiel mehr Jagdinstinkt mitbringt, als man es sich vom Berner Sennenhund wünscht.

## Sieben Freunde und ein falscher Name

Die belegbare Rassegeschichte des Berner Sennenhundes ist noch relativ jung, wie bei fast allen Rassen. Den stammbaumlosen Bauernhunden schenkte noch zur Gründung der Schweizer Kynologischen Gesellschaft im Jahr 1883 kaum jemand Beachtung. Damals boomte nämlich der Bernhardiner. Er konnte für viel Geld ins Ausland verkauft werden und wurde für manchen Bauern zur guten, zusätzlichen Einkommensquelle. Für die schwarz-weiß-roten Sennenhunde gab es zu dieser Zeit kaum Interessenten. In den Tälern und Berghöfen, vor allem südlich von Bern, blieben dennoch einige ihrem Bauernhund treu.

In Dürrbach, einem kleinen Dörfchen mit Wirtshaus und Postkutschenstation, züchtete der Wirt Bauernhunde und verkaufte seine „Dürrbächler" nach Bern als Zug- und Karrenhunde. Ein Hundefreund namens Fritz Probst zeigte als Erster im Jahr 1902 einige Dürrbächler auf einer Ausstellung in Bern als „Treibhunde".

*Braun und feurig sollen die Augen sein, der Gesichtsausdruck immer freundlich. (Foto: G. Abels)*

Zwei Jahre später, 1904, wurden die Hunde als „Dürrbacher Sennenhunde" von verschiedenen Haltern ausgestellt. Zum ersten Mal wurde die Rasse ins offizielle Schweizer Hundestammbuch eingetragen. Damit war die Rasse aus der Taufe gehoben. Die wichtigsten Pionierzüchter und Rassebegründer waren der Tierarzt Dr. A. Scheidegger, der Fabrikant Max Schaffroth, der Weinhändler Franz Schertenleib, der Förster Max Siber, der Kaufmann Gottfried Mumenthaler, der Gastwirt Fritz Probst und der Geologieprofessor Dr. Albert Heim. Ihnen gelang es, das Bild des „Dürrbächlers", „Gelbbäcklers", „Bäris" und „Blessis" zum Berner Sennenhund zu vereinen. 1907 wurde ein Klub mit Sitz in Burgdorf, nordöstlich von Bern, gegründet und ein Standard aufgestellt, nach dem die Tiere gezüchtet wurden. Dieser Standard gilt weitgehend heute noch. Wer sich mit Stammbäumen und der Geschichte der Schweizer Hunderassen befasst, wird immer wieder auf diese Namen stoßen.

Nachdem die sieben Freunde ihren „Dürrbach-Klub" gegründet hatten, wurden auch die Einheimischen immer mehr auf ihre neue Nationalras-

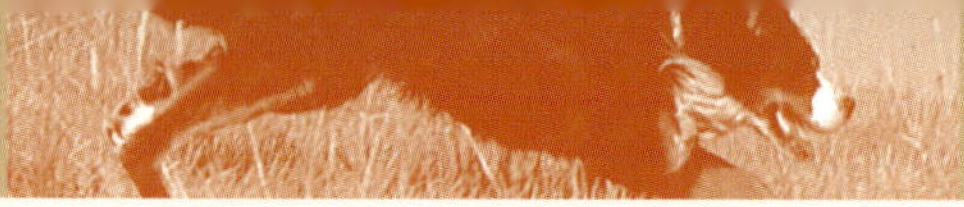

*Ein typischer Berner Sennenhund ist immer kräftig, kompakt, aber beweglich. (Foto: INFO-Hund/Krämer)*

se aufmerksam. Das sprach sich bis zu den Bauern im Hinterland herum, die die Gelegenheit nutzten, ihre Jungtiere zahlungskräftigen Interessenten zu verkaufen. Immer wieder tauchten schöne Tiere auf, die irgendwo in den Bergen gezüchtet worden waren, die aber in keinem Stammbuch registriert waren. Da kam der Dürrbach-Klub auf die Idee, eine Spezialausstellung für die schwarz-weiß-roten Bauernhunde zu veranstalten, woran jeder teilnehmen durfte und sollte, der ein solches Tier besaß. Die ehrwürdigen Züchter dachten, dass vielleicht zwei bis drei Dutzend Hunde zusammenkämen.

Es war jedoch ein überwältigender Andrang: 107 Tiere hatten die Experten zu bewerten, und davon waren 47, also fast die Hälfte, mit der Note „vorzüglich“ als erstklassige Dürrbächler registriert worden und weitere 33 mit der Note „gut“.

Daran konnte man sehen, dass sich tatsächlich in dieser Region eine alte, eigene Rasse mit breiter Basis entwickelt hatte. Die Züchter haben dann die Hunde in Aussehen und Charakter nur vereinheitlicht. Es gibt andere Hunderassen, die gezielt durch Verpaarung bestimmter Rassen wie ein Kunstprodukt gezüchtet wurden. Der Sennenhund ist diesen gegenüber ein echtes Kind der Natur.

Natürlich sah der Ur-Sennenhund nicht aus wie ein moderner Schweizer Sennenhund. Die spezielle Zeichnung der Sennenhunde fand sich bei sehr vielen der ersten Dürrbächler und auch das korpulente Format. Die Variationsbreite war allerdings viel größer als heute. Manche Tiere gerieten vom Körperbau zu leicht, etwa wie ein Hovawart, andere kamen zu plump. Manche hatten kurzes stockhaariges Fell, andere langes glattes oder welliges oder sogar gekraustes Fell.

Zuchtrichter Professor Albert Heim teilte dann schon nach den ersten Ausstellungen, auf denen die großen Sennenhunde vertreten waren, die kurzhaarigen und langhaarigen in zwei Rassen: den Berner Sennenhund mit seinem langen, leicht welligen Haar und den Großen Schweizer Sennenhund mit dem Kurzhaar. Das Kraushaar wollte niemand beibehalten. Es wurde schließlich weggezüchtet. Die Größe variiert in den Standards: 1907 durften die Sennenhundrüden zwischen 60 und 70 Zentimeter groß sein, im Jahr 1910 legte man dieses Maß auf 58 bis 65 Zentimeter fest, 1951 war es dann wieder größer mit 64 bis 70 Zentimeter. Und auch der heutige Standard akzeptiert diese Bandbreite, schränkt aber ein, dass 66 bis 68 Zentimeter Widerristhöhe beim Rüden ideal seien. Der Widerrist ist die Stelle oberhalb der Schulterblätter, an der der Nacken in den Rücken übergeht. Zur Größenbestimmung eines Hundes legt man dort eine Messlatte quer auf und misst den Abstand zum Boden.

*Die perfekte Farbzeichnung an Kopf und Körper ist ein Muss. Weiße Pfoten und eine weiße Schwanzspitze ein Plus dazu. (Foto: INFO-Hund/Krämer)*

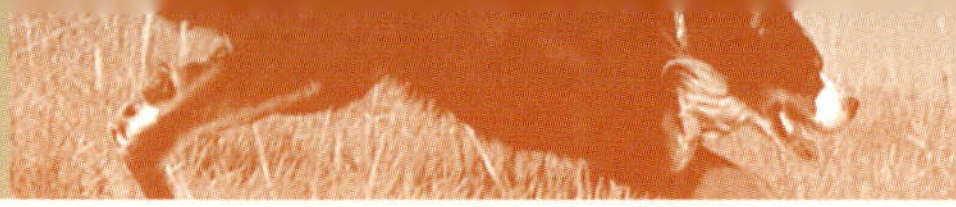

*Seine Familie bewacht der Berner Sennenhund von ganz allein, das muss er nicht erst lernen. (Foto: G. Abels)*

Erste Sennenhunde hatten manchmal auch einen gelben, stechenden, allzu forsch wirkenden Blick und nicht den warmen, treuherzigen Gesichtsausdruck, der mit den braunen Augen einhergeht. Die Tiere mit gelben Augen nahm man nicht zur Zucht.

Auch die Zeichnung der Pionierhunde war alles andere als einheitlich. Wichtig war damals schon die Dreifarbigkeit. Die Verteilung der Farben war nicht immer gleich, die braunen Augenbrauen und der rotbraune Fang schienen bei allen Tieren vorhanden zu sein. Die weiße Blesse gab es nicht immer, war jedoch erwünscht. Die weiße Brust fehlte auch manchmal. Viele Sennenhunde hatten damals einen weißen Nackenfleck, der auch heute gelegentlich auftaucht, aber nicht mehr erwünscht ist wie einst. Weiße Pfoten, die in rotbraune Läufe übergehen, sind heute genauso gern gesehen wie eine weiße Schwanzspitze.

Warum er vom Dürrbächler zum Berner Sennenhund umgetauft wurde, hat Gründe, die man heute nur schwer erklären kann. Der Begriff geht auf Professor Dr. Albert Heim zurück, der im Jahr

1914 als Erster ein Büchlein über die Schweizer Sennenhunde veröffentlichte.

Er nannte die Rasse erst wie die Züchter „Dürrbächler", dann „Dürrbachhund" und dann allmählich und immer öfter „Berner Sennenhund". Professor Heim war ein echter Schweizer und stolz auf die Hunde seiner Heimat. Der Name „Berner Sennenhund" verkörperte für ihn vielleicht ein wenig mehr Nationalgefühl, und der Begriff war auch im Ausland leichter zu „verkaufen".

Professor Heim war jedenfalls ein Freund und Kenner aller Schweizer Sennenhunde und schrieb schon vor 75 Jahren:

„Die Schweizerischen Sennenhunde sind lange, lange unbeachtet geblieben. Kein Hundefreund kannte einen Rassenamen für sie, an keiner Ausstellung wurden sie gezeigt, als ‚ganz gewöhnliche Hunde', ‚Bauernhunde', ‚Metzgerhunde' wurden sie beiseitegeschoben, ohne dass man ihre treffliche Rassigkeit bemerkte, und was ihre Besitzer alles zu rühmen wussten, bezog man auf den einzelnen Hund und hielt es für Zufall, nicht für Rasse. Und doch sind die Schweizer Sennenhunde die ältesten in der Schweiz lebenden und bodenständigsten Hundearten und ursprünglich die einzigen, die in verschiedenen Varietäten über das ganze Land verbreitet waren. Sie sind die wahrhaftigen schweizerischen Nationalhunde."

Der Klub weigerte sich erst einmal, den Namen Dürrbachhund gegen den Berner Sennenhund zu tauschen. Erst als er sich trotzdem einbürgerte, übernahm man ihn allmählich auch in den Züchterkreisen, obwohl dieser Name nicht sehr passend erschien.

Sennenhunde im eigentlichen Sinne wurden die großen Bauernhunde nämlich gar nicht. Die kleinen, wie der Appenzeller, waren viel mehr im Dienste der Senner verwendet worden als die großen. Hatten diese beim Kuhtreiben mitzuhelfen, nannte man sie Küherhunde. Hätte sich diese Bezeichnung verbreitet, würde diese schöne Rasse heute vielleicht Berner Küherhund heißen oder vielleicht sogar Dürrbächler Küherhund. Ganz ist der alte Name nicht verschwunden. Er wird im internationalen Zuchtstandard in Klammern angefügt.

## Das ideale Äußere

Beim reinen Liebhabertier, einem, das in engem Familienkontakt liebevoll heranwächst und erzogen wird, ist die Schönheit absolut zweitrangig. Hier zählen der menschenfreundliche Charakter und gute Gesundheit mehr als die korrekte Zeichnung oder ein optimaler Körperbau. Wer sich dennoch dafür interessiert, ob sein Tier dem Standard entspricht, vielleicht weil er einmal Lust hat, seinen Hund auszustellen, der kann sich am Standard, der offiziellen Rassebeschreibung, orientieren. Dieser Standard wurde mehrmals leicht abgeändert und gilt inzwischen international bei allen Vereinen, die dem Dachverband FCI (Fédération Cynologique Internationale) angeschlossen sind.

# Berner Sennenhund (Dürrbächler) FCI Nr. 45

**Ursprungsland:** Schweiz

**Klassifikation:** Gruppe II, Sektion 3, Schweizer Sennenhunde, ohne Arbeitsprüfung

**Allgemeines Erscheinungsbild:** Langhaariger, dreifarbiger, übermittelgroßer, kräftiger und beweglicher Gebrauchshund mit stämmigen Gliedmaßen; harmonisch und ausgewogen

**Maßverhältnis (Format):** Verhältnis der Widerristhöhe zur Körperlänge circa 9 : 10. Eher gedrungen als lang

**Kopf:** Kräftig; Oberkopf im Profil und von vorn gesehen wenig gewölbt; ausgeprägter, jedoch nicht zu starker Stirnabsatz, mittellanger, gerader Fang

**Nasenspiegel:** Schwarz

**Lefzen:** Wenig ausgebildet und anliegend; schwarz

**Gebiss:** Vollständiges, kräftiges Scherengebiss

**Augen:** Dunkelbraun, mandelförmig, mit gut anliegenden Lidern

**Ohren:** Dreieckig, leicht gerundet, hoch angesetzt, mittelgroß, in der Ruhe flach anliegend

**Hals**: Kräftig, muskulös, mittellang

**Körper:** Kräftig, kompakt

**Brust:** Bis auf Ellenbogenhöhe reichend, breit, mit deutlicher Vorbrust; Rippenkorb von breitovalem Querschnitt

**Rücken:** Fest und gerade

**Lendenpartie:** Breit und kräftig

**Kruppe:** Sanft abgerundet

**Bauch:** Nicht aufgezogen

**Rute:** Buschig, mindestens bis zum Sprunggelenk reichend, in Ruhestellung hängend, in Bewegung schwebend auf Rückenhöhe oder leicht darüber getragen

**Vorderhand:** Stellung eher breit, von vorn gesehen gerade und parallel

**Schultern:** Lang, kräftig, schräg gestellt, mit dem Oberarm einen nicht zu stumpfen Winkel bildend; anliegend und gut bemuskelt

**Vordermittelfuß:** Nahezu senkrecht stehend, fest

**Pfoten:** Kurz, rundlich und geschlossen; Zehen gut gewölbt

**Hinterhand allgemein:** Stellung von hinten gesehen gerade, nicht zu eng, Hintermittelfuß und Pfoten weder ein- noch auswärts gedreht

**Oberschenkel der Hinterhand:** Ziemlich lang, von der Seite gesehen mit dem Unterschenkel einen deutlichen Winkel bildend, breit, kräftig und gut gewinkelt

**Sprunggelenke**: Kräftig und gut gewinkelt
**Gangwerk:** Raumgreifender, gleichmäßiger Bewegungsablauf in allen Gangarten; ausgreifender, freier Vortritt und guter Schub aus der Hinterhand; im Trab von vorn und hinten betrachtet geradlinige Gliedmaßenführung
**Haarkleid:** Lang, schlicht oder leicht gewellt
**Farbe:** Tiefschwarze Grundfarbe mit sattem braunrotem Brand an den Backen, über den Augen, an allen vier Läufen und auf der Brust. Weiße, saubere, symmetrische Kopfzeichnung (Blesse und Fang). Weiße, mäßig breite, durchgehende Kehl- und Brustzeichnung. Erwünscht: weiße Pfoten und weiße Rutenspitze. Nicht erwünscht, jedoch toleriert: kleiner weißer Nackenfleck und weißer Afterfleck.
**Größe:** Rüden 64 bis 70 cm Widerristhöhe, ideal 66 bis 68 cm; Hündinnen 58 bis 66 cm Widerristhöhe, ideal 60 bis 63 cm
**Charakter und Verhalten (Wesen):**
sicher, aufmerksam, wachsam und furchtlos in Alltagssituationen; gutmütig und (anhänglich im Umgang mit vertrauten Personen; selbstsicher und freundlich gegenüber Fremden; mittleres Temperament; gute Fährigkeit.

Als sogenannter „Fehler" im Sinne der Zuchtrichtlinien gilt jedes Merkmal, das von der Beschreibung stark abweicht. Besonders ungern sieht man beim Berner Sennenhund neben ausgesprochenen anatomischen Deformationen (zum Beispiel einer Spaltnase) oder Gebissfehlern eine stark abfallende Rückenlinie, eine Ringelrute, zarten Knochenbau, Kraushaar, blaue Augen, Kurz- oder Stockhaar, fehlende Dreifarbigkeit und diverse Fehler in der Zeichnung. Als unschön gilt eine unsymmetrische Zeichung, wenn die Blesse fehlt oder zu breit ist, wenn einer oder beide der rotbraunen Flecken über den Augen fehlen, wenn im Nacken ein großer weißer Fleck ist, wenn der Hals ganz weiß ist und das Weiß der Pfoten bis zum Mittelfuß oder weiter hinaufreicht.

## Der ideale Charakter

Aus seiner Vergangenheit als Bauernhund hat sich der Berner Sennenhund eine Vielzahl von schätzenswerten Eigenschaften bewahrt, die ihn zum idealen Familienhund machen.

Der Standard beschreibt den Charakter und das Verhalten als „sicher, aufmerksam, wachsam und furchtlos in Alltagssituationen; gutmütig und anhänglich im Umgang mit vertrauten Personen; selbstsicher und freundlich gegenüber Fremden; mittleres Temperament, gute Führigkeit". Was er keinesfalls sein darf, ist ängstlich und aggressiv.

Diese Beschreibung mag manchem nicht viel sagen. Was ein mittleres Temperament ist, kann der Hundeanfänger gar nicht abschätzen. Dazu bedarf es einiger Vergleichsrassen, um den Sennenhund einzuordnen. Das Temperament, und das sollte nicht vergessen werden, hängt sehr vom Alter des Tieres ab. Zeigt sich ein Junghund ausgesprochen phlegmatisch, ist er mit Sicherheit krank oder hat aus Versehen ein Beruhigungsmittel erwischt, was tunlichst nicht passieren soll.

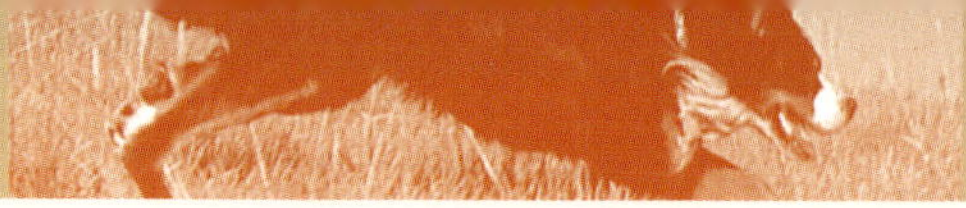

Ein junger Hund ist immer lebhaft und poltert beim Spielen durch die Wohnung, wobei manches zu Bruch gehen kann, was zerbrechlich im Weg steht.

Erst als ausgewachsener Sennenhund wird die Rasse ruhiger, da sie nicht so lauffreudig ist wie etwa ein Husky, nicht so jagdfreudig wie ein Setter, nicht so buddelbegeistert wie ein Terrier, nicht so wasserfreudig wie ein Retriever oder Pudel. Und der Sennenhund ist auch nicht so arbeitsfreudig wie ein Schäferhund, ein Boxer, ein Rottweiler oder Riesenschnauzer. Er ist nicht so empfindlich und sofahopsig wie ein Kleinhund, nicht so sabberig und abschreckend wie eine Dogge und nicht so fix und beweglich wie ein Border oder Bearded Collie beim Agility. Wer jetzt denkt, der Sennenhund wäre zu nichts zu gebrauchen, der irrt:

Denn er ist ein sehr umsichtiger, geduldiger Familienwächter und Kinderhüter; er bellt nur zu besonderen Anlässen, also wenn Fremde oder wichtige Hundekumpel vorbeikommen. Bei regelmäßigen Besuchern schlägt er – entsprechend erzogen – nicht an. So hat er unter den Briefträgern oft gute Freunde. Mit einem Sennenhund können Sie lange ausgedehnte und vor allem stressfreie Spaziergänge und Wanderungen machen. Er ist sehr willig, sich auf Ihre Spaziergehbedingungen einzustellen, sofern Sie sich die Mühe machen, ihn entsprechend zu erziehen. Da sein Jagdinstinkt wenig ausgeprägt ist (leider gibt es immer öfter wildernde Ausnahmen), fällt es ihm auch nicht sehr schwer, bei Ihnen zu bleiben oder sich im Lauf zu bremsen. Ein paarmal geübt – und schon weiß er, dass er Hühner und Katzen in Ruhe lassen soll, eine Eigenschaft, die beim Spaziergang vor allem im ländlichen Bereich sehr angenehm ist.

Mit einem Berner Sennenhund an Ihrer Seite können Sie sich absolut sicher fühlen. Er braucht keine Schutzhundausbildung, denn er stellt sich knurrend vor Sie, wenn jemand Sie bedroht, ja er tut das sogar schon dann, wenn er spürt, dass Sie Angst vor jemandem haben. Andererseits würde ein charakterfester Sennenhund niemals grundlos einen Menschen anknurren oder gar angreifen. Mit anderen Hunden ist er freundlich, solange sie ihm nichts tun. Allerdings gibt es gelegentlich unter anderen Hunden Todfeinde. Die Aggression geht aber in der Regel vom anderen Tier aus.

Der Sennenhund hat eine sehr gute Nase und kann als Spür-, Lawinen- und Rettungshund ausgebildet werden. Kleinere Hündinnen würden auch als Blinden- oder Rollstuhlhunde taugen, doch wählen die professionellen Ausbilder für diese Aufgaben in der Regel Retriever, Rottweiler und Schäferhunde aus. Der Grund dafür ist unter anderem auch, dass die Fellpflege beim Sennenhund aufwendiger ist als bei den anderen Rassen. Dazu kommt, dass seine durchschnittliche Lebenserwartung mit knapp acht Jahren nicht sehr hoch ist. Mit drei Jahren ist der Sennenhund kein junger Hund mehr, mit sechs zeigt er sich bereits nicht mehr so lebhaft und kräftig und stürmt nicht mehr auf Berggipfel wie ein Hund der langlebigen kleinen Rassen, die mit sechs Jahren gerade im besten Alter sind.

Manche Charaktermerkmale eines Hundes prägen sich während der ersten Wochen beim Züchter. Was er da an guten oder auch schlechten Erfahrungen macht, hat immenses Gewicht für den Rest seines Lebens. Da kann es sein, dass Ihr Hund in der Welpenrangfolge eher niedrig war und damit später ein ganz friedlicher, vielleicht eher ängstlicher Hund wird. Oder er wurde immer von den Zitzen verdrängt und entwickelt jetzt einen Appetit, den er sich mit geklautem Essen vom Tisch stillt. Vielleicht kennt er kein Sättigungsgefühl und stopft hinein, was geht. So manche Eigenschaft, die Sie entdecken, können Sie mit Erziehung wieder hinbiegen. Anderes bleibt Ihrem Hund als liebenswerte Marotte. Jeder Hund hat nämlich seine unverkennbare Persönlichkeit, die man mit allzu strenger Erziehung nicht zerstören sollte.

Wie sich Ihr Hund letztlich Ihnen gegenüber verhält, hängt weitgehend von Ihnen und der Erziehung ab, die Sie ihm zuteil werden lassen. Er ist wie ein roher Diamant, der sich mit relativ wenig Mühe zum wunderbaren Edelstein schleifen lässt.

*Auch wenn er selten als Lawinen- oder Rettungshund ausgebildet wird, das Talent dazu hat der Sennenhund. (Foto: INFO-Hund/Krämer)*

# Zu wem passt ein Berner Sennenhund?

Ein Sennenhund ist kein Freund von Sport, aber manchmal doch ein bisschen ... (Foto. G. Abels)

Er ist zwar groß und braucht einigen Platz. Aber er verhält sich insgesamt relativ ruhig, ist gut erziehbar und kann daher bei ausreichend Auslauf und Beschäftigung selbst in einer Etagenwohnung gehalten werden und dort glücklich sein. Viel lieber ist ihm allerdings ein Haus mit großem Garten, wo er sich austoben kann und heiße Tage im Schatten dösen kann.

Oft wird das Ratgeberbuch erst nach dem Hund gekauft. Aber auch dann kann ein Kapitel wie dieses Ihnen viele zusätzliche Tipps geben. Sie sehen hier, welche Punkte Sie bei Ihrem Wunsch nach einem Sennenhund vielleicht vergessen haben.

Wenn Sie noch keinen Welpen bei sich aufgenommen haben, nutzen Sie hier die Möglichkeit zu prüfen, wie gut der Berner Sennenhund zu Ihnen und Ihrer Lebenssituation passt, ob er sich in Ihrem Zuhause wohlfühlen kann und was Sie organisieren müssen, damit alle miteinander glücklich werden.

Sicherlich ist Ihnen bewusst, dass ein Hund Zeit und Geld kostet. Es sollte immer jemand wenigstens halbtags zu Hause sein, der sich um ihn kümmert. Können Sie auch abschätzen, ob es Ihnen in zwei, in fünf oder gar in zehn Jahren noch möglich ist, einen Hund zu halten? Oder: Wenn Sie das Tier vor allem für Ihre Kinder anschaffen, ist Ihnen bewusst, dass der Hund vermutlich an Ihnen „hängen bleiben" wird, wenn die Kinder zu Jugendlichen herangewachsen sind oder als junge Erwachsene das Haus verlassen und ihre eigenen Wege gehen? Wird ein achtzehnjähriger junger Mensch dann tatsächlich genügend Zeit und Verantwortung für den Hund haben? Glauben Sie besser keinen Versprechungen in dieser Richtung, die Ihnen heute Ihre zwölfjährige Tochter gibt. Denn sie ist zu jung, um zu begreifen, was das bedeutet.

Und die Erwachsenen: Sind auch Sie selbst in ein paar Jahren noch so viel zu Hause wie jetzt? Oder planen Sie, irgendwann einmal ganztägig zu arbeiten? Einen Berner Sennenhund können Sie in den seltensten Fällen mit an den Arbeitsplatz nehmen. Und schließlich: Stellen Sie sicher, dass derzeit keiner in Ihrer Familie eine Hundehaarallergie hat. Gibt es schon Tierhaarallergien in Ihrer Familie, checken Sie das unbedingt vor dem Anschaffen eines Hundes ab.

*Der Berner ist ein Hund für Haus mit Garten. In einer engen Großstadtwohnung ist er eher fehl am Platz. (Foto: U. Schanz)*

## Seine Bedürfnisse ans Wohnen

Ein frei stehendes Haus mit großem Garten im ländlichen Bereich wäre die optimale Umgebung für den Berner Sennenhund, der ein gemäßigtes bis kühles Klima lieber mag als mediterrane Hitze. Wenn Sie demnächst in den Süden auswandern, verzichten Sie lieber darauf, sich jetzt einen dickpelzigen Schweizer Berghund zuzulegen.

Mit Hitze kann der Berner nämlich besonders schlecht umgehen. In allen deutschsprachigen Ländern fühlt sich diese Rasse wohl, weil es in unseren Breiten nur wenige Tage im Jahr so heiß wird, dass der Hund unter der Wärme leidet. Auch dann, wenn Sie nicht die optimalen Voraussetzungen bieten können, ist eine Haltung möglich, vor allem, wenn Sie ihm mit viel Auslauf guten Ersatz für wenig Wohnraum bieten.

Wenn Sie zur Miete wohnen, müssen Sie mit Ihrem Vermieter klären, ob Sie einen Hund halten dürfen. Seien Sie ehrlich, dass Sie einen großen Hund wollen, betonen Sie aber auch, dass dieser kein Kläffer ist. Wohnt der Vermieter im Haus, können Sie ihm ruhig die Wacheigenschaften des Sennenhunds schmackhaft machen. Leider kann ein Vermieter in vielen Fällen einen großen Hund verbieten. Sehen Sie in Ihrem Mietvertrag nach, was dort bezüglich Hundehaltung festgelegt ist. Eine schriftliche Erlaubnis ist fast immer einzuholen. Wenn der Vermieter aber vor

*Ein „eigener" Garten für den Hund ersetzt nicht gemeinsame Spaziergänge, Spiel- und Lernstunden. (Foto: U. Schanz)*

Zeugen eine mündliche Erlaubnis ausspricht, kann das ebenfalls vor Gericht Bestand haben.

In der Eigentumswohnung können Sie einen Hund halten, es sei denn, in der Teilungserklärung wäre ausdrücklich festgelegt worden, dass Hunde verboten sind, oder die Eigentümergemeinschaft hätte einstimmig beschlossen, das Haus hundefrei zu halten.

Über einen eigenen Garten wird sich jeder Sennenhund sehr freuen. Ziehen Sie einen stabilen Zaun, denn auch der Berner streunt, wenn es ihm langweilig wird, oder er rennt einer Katze hinterher. Sonst bleibt er gern beim Haus. Im Garten selbst sollten für den Hund eine Hütte, ein warmer und ein kühler Schlafplatz, Kauknochen, Spielzeug und stets ein Eimer mit Wasser angeboten werden. Außerdem ist es ratsam, eine Ecke als Hundeklo zu opfern. Damit die Nachbarn sich nicht allzusehr daran stören, kann man diese Ecke mit einer Hecke abschirmen und täglich reinigen. Wenn Sie einen Gemüsegarten oder Blumenrabatten angelegt haben, bedenken Sie, was damit passiert, wenn ein großer Hund darin herumwühlt. Zäunen Sie am besten die Beete extra ein oder stellen Sie ein Gewächshaus in den Garten. Am besten treffen Sie schon vor Eintreffen des Welpen Vorkehrungen, denn gerade Welpen können viel Unfug im Garten anstellen.

Bevor der ganze Garten voller Zäune steht, gibt es auch die Möglichkeit, gleich einen Zwinger zu bauen. Dafür gibt es gesetzliche Mindestvorschriften für die Größe des Baus und für die Dauer, die der Hund dort allein verbringen darf. Für einen mittelgroßen Hund von über 20 Kilogramm ist eine Grundfläche von mindestens 6 Quadratmetern vorgeschrieben, wenn der Hund dauerhaft dort untergebracht ist.

Das sollte man keinem Hund antun und kommt für den Berner Sennenhund überhaupt nicht infrage, denn er ist ein viel zu sensibles und menschenbezogenes Tier für eine Zwingerhaltung. Wird der Hund nur ab und zu im Zwinger untergebracht, reicht eine so kleine Fläche. Besser wäre es, wenigstens 3 mal 4 Meter zu umzäunen. Zusätzlich muss eine wetterfeste Schutzhütte vorhanden sein. Der Boden eines Zwingers muss gut zu reinigen sein. Gras wächst dort leider schlecht, weil der Hund buddelt und alles niedertrampelt. Von Vorteil ist eine 50 Zentimeter dicke Kiesschicht oder ein Betonboden. In die Hütte schüttet man Stroh ein. Manche Hunde lieben es auch, einen alten Teppich darin zu finden.

Wenn Sie kein eigenes Fleckchen Grün anbieten können, sollten Sie jede Menge freie Zeit haben, um dreimal täglich mit dem Hund ausgiebig nach draußen auf eine Spielwiese oder eine andere Freilaufmöglichkeit gehen zu können. Wenig ratsam ist es, einen großen Hund in einer Stadtwohnung zu halten, von der aus keine Grünflächen zu Fuß erreichbar sind.

Im Haus sollte der Hund seine Schlafstatt möglichst im Erdgeschoss haben. Keine gute Lösung ist es, wenn der Hund täglich Treppen steigen muss. Besonders für Welpen und ältere Hunde sind die Stufen anstrengend und belasten gefährlich die Gelenke.

*Dem Hund ist es egal, wie viel Regen, Matsch, Staub oder Dreck er von draußen mit ins Haus bringt. Ihn stört das nicht. (Foto: INFO-Hund/Krämer)*

## Seine Wünsche an den Halter

Hunde sind sehr anpassungsfähig, ihrem Halter ergeben und so genügsam, dass viele Halter gar nicht merken, wie wenig sie ihrem vierbeinigen Gefährten eigentlich geben. Ein Berner Sennenhund klagt nicht. Er wird Sie immer freudig begrüßen, auch wenn er sich den ganzen Tag gelangweilt hat.

Und Langeweile ist meistens das größte Problem, das ein Hund hat, der viel im Garten sein darf, soll oder auch möchte. Er zeigt seinen Unmut dann dadurch, dass er gräbt, vor allem Löcher unter dem Zaun hindurch, und dass er ausreißt und ohne Erlaubnis spazieren geht. Er wird vorbeigehende Hunde anbellen, um Kontakt zu suchen. Er nagt stundenlang an Zaunpfählen, bis Lücken entstehen. Er wird traurig und desinteressiert. Ein Hund braucht regelmäßig Zuwendung, täglichen Spaziergang, Schmusen, Tollen und Toben. Er will wenigstens dabei sein, auch wenn gerade niemand etwas mit ihm unternimmt.

Andererseits ist der Berner auch ein echter Naturbursche, der zu jeder Jahreszeit und bei jedem Wetter gern auf seinem Gartenposten ist. Im Haus ist es ihm auch häufig zu warm. Ideal ist es daher, die richtige Mischung von drinnen und draußen zu finden. Ein normaler Tagesablauf könnte für den Hund einer Familie mit Hausfrau zu Hause so aussehen:

Wenn sich andererseits die Familie hauptsächlich in einem oberen Stockwerk aufhält und ihr Sennenhund unten bleiben muss, wird er trübsinnig werden. Wenn Ihr Sennenhund viele Stunden täglich draußen verbringt, bekommt er ein dichtes Fell, das ihm an heißen Sommertagen sehr zu schaffen macht. Dann sucht er die kühlste Stelle im Haus. Überlegen Sie, ob es die Möglichkeit gibt, ihm vom Garten aus mithilfe eines Durchschlupfs einen Zugang ins Kühle zu verschaffen. Nur wenn die Hitze unerträglich wird, sollte man das Fell scheren.

**Morgens**:
Als Erstes in den Garten trollen, Geschäfte erledigen. Frühaufsteher am Zaun begrüßen. Morgensonne auf den Pelz scheinen lassen oder mit Frauchen ein Kind zum Schulbus begleiten. Nickerchen.

**Vormittags**:
Mitgehen oder -fahren, wenn Frauchen Besorgungen erledigt. Oder ein kleiner Spaziergang. Nickerchen.

**Mittags**:
Zusehen beim Kochen. Mit Frauchen wieder ein Kind vom Bus abholen oder zu Hause heftig begrüßen. Mit Kindern tollen. Beim Essen brav warten. Nickerchen.

**Nachmittags**:
Mit Kindern im Garten spielen. Schläfchen auf der Terrasse. Größerer Spaziergang mit der Hausfrau. Herrchen begrüßen. Vielleicht eine kleine Runde mit ihm durch die Straßen. Am Zaun Heimkehrer begrüßen. Kleine Erziehungsauffrischung durch Herrchen oder Frauchen. Nickerchen.

**Abends**:
Schmusen und fernsehen mit der Familie. Gutenachtrunde vor der Haustür. Auf den Schlafplatz (draußen oder drinnen) trollen. Ruhe geben bis zum Morgen.

**Außerdem**

Zweimal täglich füttern Sie Ihren Liebling. Die Uhrzeit bleibt Ihnen überlassen. Manche Hunde haben morgens noch keinen Hunger und lassen die Hälfte stehen. Sie füttert man besser erst am Mittag zum ersten Mal. Andere Hunde wollen sich nur abends richtig satt fressen, um sich dann auf die faule Haut zu legen. Die richtige Fütterzeit hängt also vom Hund und von Ihrem Tagesablauf ab. Nur eines sollten Sie möglichst vermeiden: direkt vor einem langen Spaziergang füttern. Denn Hunden, die mit vollem Magen rennen, springen, toben, droht eine gefährliche Magendrehung, die innerhalb kurzer Zeit zum Tod führt, weil sie meistens nicht schnell genug erkannt wird. Das kommt zwar selten vor, aber man muss ja nichts unnötig riskieren.

*Ein Hund, der viel und lange im Garten allein gelassen wird, kann vor Langeweile zum Ausbrecher werden.*
*(Foto: G. Abels)*

*Sich in so einen Welpen zu verlieben ist leicht. Die Entscheidung, mit ihm zu leben, sollte trotzdem mit dem Kopf getroffen werden. (Foto: U. Schanz)*

## Die „Schattenseiten" des Berners

Ein Hund mit so viel dichtem Pelz riecht mehr nach Hund als ein kleiner Vierbeiner. Wenn er nass ist, dann müffelt es deutlich riechbar und im begrenzten Raum eines Autos kann das atemberaubend sein. Sie selbst werden sich sehr schnell an den Geruch gewöhnen und ihn kaum mehr wahrnehmen. Doch allen anderen, die in Ihr Auto steigen oder zu Ihnen ins Haus kommen, wird es vielleicht unangenehm sein.

Der dichte Pelz muss gekämmt werden. Das kostet nicht nur Zeit, sondern auch Kraft. Und es geht ins Kreuz, denn einen Sennenhund stellen Sie nicht einfach auf einen Striegeltisch wie einen Westie. Sie müssen sich bücken oder auf den Boden knien. Das ist anstrengend.

Sein langes Haar verliert der Berner Sennenhund trotz regelmäßiger Fellpflege. Besonders zum Fellwechsel sind Haare auf Boden und Teppichen unvermeidbar. Innerhalb weniger Stunden kann sich eine unschöne „Wollmaus" auf einem gefliesten Boden zusammenballen. Da dürfen Sie nicht pingelig sein.

Riesige Schmutzpfoten bringen jede Menge Dreck ins Haus, wenn sie nicht vor dem Hereinstürmen abgewischt werden. Damit müssen Sie sich anfreunden.

Sennenhunde sind keine Kläffer. Aber sie bellen gelegentlich, und das mit einer sonoren, kräftigen Stimme, die zum Beispiel Babys und Kleinkinder aufweckt. Das sollten Sie zumindest in Ihre Überlegung mit einbeziehen, falls Sie einen Berner in eine junge Familie aufnehmen wollen. Nichts kann Mütter mehr verbittern, als wenn das endlich eingeschlafene Kind wach gebellt wird und dann den Rest des Tages quengelig ist. Nachts schläft Ihr Hund genau wie Sie. Aber er schnarcht möglicherweise auch genau so wie ein Mensch, wenn nicht sogar noch lauter.

Ein Rüde kann 50 oder sogar 60 Kilogramm schwer werden und hat eine Kraft, die leicht ausreicht, um seinen Halter umzuwerfen. Als gut erzogener Hund wird er das nicht tun, aber es gibt Situationen, die selbst den bravsten Sennenhund seine Erziehung vergessen lassen, zum Beispiel eine läufige Hündin, ein in der Ferne erspähter Spielkamerad, eine Bezugsperson, die heimkehrt. Dann wird er stürmisch und reißt so manches mit sich. In einer hellhörigen Wohnung in oberen Stockwerken ist ein Herum-toben in der Wohnung mit dem Großhund praktisch unmöglich. Da würde den Leuten unter Ihnen der Putz von der Decke fallen.

Gemeinsames Schmusen auf dem Sofa ist kaum möglich. Wenn der Sennenhund dürfte, wie er wollte, würde er den ganzen Fernsehabend auf Ihrem Schoß liegen, es sei denn, die Wohnung ist überheizt und er sucht den kalten Fliesenboden zur Abkühlung auf. Bei solchen zärtlichen Stunden bleibt Ihnen die Luft weg, außerdem wird's unter einem solchen Hund auch recht warm. Und wenn er dann auch noch fest einschläft und schnarcht, hören Sie vom Spielfilm nicht mehr viel. Außerdem sitzt der Hund dann auch bei Ihnen auf dem Schoß, wenn Besuch kommt. Oder noch schlimmer: Er hüpft auch dem Besucher auf den Schoß. Das mag wirklich nicht jeder. Und für Kinder kann's auch bedrohlich werden. Besser ist, Sie und vor allem Ihr Sennenhund bleiben auf dem Teppich.

Obwohl ein Berner Sennenhund sehr gut erziehbar ist und Ihnen sogar fast auf den leisesten Wink gehorcht, erfüllt er vielleicht doch nicht alle Ihre Wünsche. Er ist keinesfalls eine Sportskanone. Und ob er sich zu höherer Ausbildung eignet, können Sie erst sehen, wenn Sie ihn schon haben. Enttäuschung nützt dann nichts: Kalkulieren Sie lieber ein, dass er nicht in allen Punkten so ist, wie Sie ihn gern hätten.

Es kann sein, dass er nicht verschmust genug ist, dass er ein Gassi-Faulpelz ist, dass er wahnsinnig verfressen ist, keine Dackel mag, die Nachbarkatze drangsaliert, immer zur falschen Zeit bellt, Jogger anspringt, Radlern in den Weg läuft, ein lästiger Dauerschnüffler wird oder an jeden Zaunpfahl ein Tröpfchen pinkelt. Eine dieser Marotten hat praktisch jeder Hund, und nicht immer sind diese durch Erziehung ganz abzustellen. Sie haben zwei Möglichkeiten: Erziehen Sie den Hund, so gut Sie können, oder nehmen Sie ihn so, wie er ist. Schlecht ist es, sich dauerhaft zu ärgern. Denn Ihr Hund spürt natürlich, dass Sie auf ihn sauer sind, aber er weiß nicht, warum.

# Die Checkliste für Neulinge

Bevor Sie die Fragen der Checkliste beantworten, noch ein Punkt: Ein Sennenhund kostet Zeit und Geld: Anschaffung, Hundesteuer, Haftpflichtversicherung, Tierarzt, Zubehör, Futter und manches mehr. Allein für den Hund zahlen Sie bei einem seriösen Züchter zwischen 850 und 1000 Euro, zuweilen sogar darüber. Für die Ausstattung (Korb, Leine, Halsband, Decken, Bürsten, Spielzeug, Autogitter und so weiter) müssen Sie rund 200 bis 300 Euro einplanen. Die für jeden Sennenhund sinnvolle HD/ED-Röntgen-Untersuchung muss mit etwa 100 Euro bezahlt werden, wobei die Auswertung der Ergebnisse mit weiteren etwa 60 Euro zu Buche schlägt. Teuer wird es, wenn Sie einen Zwinger bauen oder einen Zaun ziehen müssen. Die laufenden Kosten sind je nach Futtervorlieben, Erkrankungen und Steuerhöhe an Ihrem Wohnort variabel. Es sollte Ihnen finanziell nicht wehtun, wenn Sie monatlich 100 Euro allein für den Hund aufwenden müssen. Das ist inzwischen gut doppelt so viel als noch vor zehn Jahren. Vor allem die Aufwendungen für Hundesteuer, Haftpflichtversicherung, Medizin und Futtermittel sind angestiegen. Dazu kommt, dass der Besuch einer Hundeschule inzwischen üblich ist. Immer mehr Hundehalter geben ihren Sennenhund während der Ferien in eine Luxuspension oder schicken ihn zur Auffrischung der Lektionen in die Hundeschule. Das würde, nebenbei bemerkt, vielen älteren Hunden auch gar nicht schaden.

**Die Checkliste**

- Erlauben Ihre Wohnsituation und Ihr Vermieter die Hundehaltung?
- Hund, Zaun, Zwinger – sind einige Tausend Euro dafür auf dem Konto?
- Haben Sie mindestens 100 Euro monatlich für den Hund übrig?
- Wer ist wenigstens halbtags immer zu Hause, um sich um den Hund zu kümmern?
- Wer geht regelmäßig mit ihm spazieren – Bekommt er genug Auslauf?
- Wer füttert und erzieht den Hund?
- Sind Sie kräftig genug, um den Hund halten zu können, wenn er losstürmt?
- Wer kümmert sich um die Fellpflege?
- Ist sich die Familie einig, was der Hund im Haus darf und was nicht?
- Kann sich die Familie auf ein Erziehungskonzept und bestimmte Ziele einigen und diese konsequent durchhalten?
- Wo schläft der Hund, wo auf keinen Fall?
- Wohin darf der Hund, wenn es sehr heiß wird (Keller, Garage, kühler Flur)?
- Wer nimmt ihn im Notfall und während des Urlaubs?
- Stehen bei Ihnen voraussichtlich in den nächsten zehn Jahren keine Veränderungen an, die eine Hundehaltung unmöglich machen?
- Hat niemand in Ihrem Haushalt eine Hundehaarallergie? Denken Sie auch an Personen, die regelmäßig zu Ihnen kommen, etwa Putzhilfen, beste Freunde, Klavierlehrer, Nachhilfeschüler und andere.
- Wie stehen Sie zu Schmutz, Geruch und Haaren von Hunden?
- Haben Sie ein geeignetes Auto, um den Hund zu transportieren?

# Wie verträglich ist ein Berner Sennenhund?

Ein guter Bauernhund muss die hofeigenen Menschen und Tiere beschützen und die Ankunft Fremder zuverlässig melden. Aber er darf nicht gleich jeden beißen, der auf den Hof kommt. So liegt dem Berner Sennenhund die Verträglichkeit im Blut. Ob ein Welpe jedoch tatsächlich verträglich wird, hängt letztlich noch mehr von seinen individuellen Aufzuchtbedingungen ab.

*Erst wenn ein Rüde sein Bein hebt, ist er richtig erwachsen. Nicht selten kommt damit auch die Lust zu jagen oder mit anderen Rüden zu streiten. (Foto: U. Schanz)*

Grundsätzlich ist er sehr verträglich mit Menschen und genauso mit anderen Tieren. Die Vorfahren der Sennenhunde mussten allein deshalb friedlich veranlagt sein, weil Hühner, Katzen, Schafe, Ziegen, Enten, Gänse und viele Kinder auf den Bauernhöfen zu Hause waren und sich meistens frei auf dem Anwesen bewegen konnten. Ein aggressiver oder jagdbegeisterter Hund war hier nicht zu gebrauchen.

Die Bauern wollten treue und zuverlässige Wächter, die selbst entscheiden konnten, wer Freund und wer Feind ist, und die auch nicht gleich jeden bissen, der als Fremder auf den Hof kam. Die Tiere mussten alles, was auf dem Hof kreuchte und fleuchte, in ihr Rudel aufnehmen, Fremde dagegen zuverlässig melden. Denn Diebe gab es auch damals schon genug, vor denen man sich schützen musste. Vor diesem Hintergrund kann man die Berner Sennenhunde heute noch sehen, auch wenn, wie schon im ersten Kapitel erwähnt, heute mehr auf Schönheit und nicht mehr nur auf Charaktermerkmale gezüchtet wird. Als scharfer Wachhund eignet sich der Sennenhund nicht. Er meldet zuverlässig und schützt als erwachsener Hund seine Familie instinktiv. Junghunde brauchen allerdings manchmal ziemlich lange, bis sie das Erwachsenengefühl bekommen, das ein Hund braucht, bevor er vom Schutzbedürftigen zum Beschützer wechselt.

Den Jagdtrieb wird man Hunden, und auch den Sennenhunden, wohl nie vollkommen wegzüchten können. Immerhin war das Jagdgeschick über Jahrtausende lang zum Überleben notwendig. Deshalb dürfen Sie sich nicht wundern, wenn Ihr Sennenhund wie eine Kanonenkugel in die Büsche fährt und einem Kaninchen hinterherrennt. Diese Jagdleidenschaft werden Sie vermutlich noch nicht an einem Welpen feststellen können. Auch der Junghund unter einem Jahr zeigt wahrscheinlich wenig Ambitionen in dieser Richtung, höchstens einen gewissen Spieltrieb. Erst mit dem Ende seiner eigentlichen Rüpelzeit beim Eintritt ins Erwachsenenalter kann es geschehen, dass Wild für den Hund interessant wird. Abhängig vom Geschlecht ist diese Leidenschaft nicht. Beim Rüden dauert es vielleicht nur etwas länger, bis er mit spätestens zwei Jahren erwachsen ist, als bei der Hündin. (Solange er sein Bein noch nicht hebt, ist er noch nicht richtig erwachsen.)

## Der Berner und andere Hunde

Wie freundlich ein Hund mit seinen Artgenossen umgeht, hängt davon ab, ob er als Welpe häufig mit anderen spielen durfte. Jeder kennt diese Hundehalter, die ihren Welpen vor jedem anderen Hund ängstlich in Schutz nehmen. Dabei machen sie gleich zwei Fehler: Sie heben ihn hoch – und er fühlt sich beschützt, größer und stärker als der andere. Begegnet er demselben Hund erneut, und zwar auf dem Boden der Tatsachen, dann überschätzt der Dreikäsehoch sein Können und unterschätzt den anderen. Und das kann für ihn gefährlich werden.

Und der zweite Fehler, den ein Halter macht, ist der: Wer seinem Welpen verbietet mit anderen zu spielen, verhindert, dass er korrektes hündisches Sozialverhalten lernt. Nehmen Sie rechtzeitig Kontakt mit anderen Spaziergängern, die einen Hund dabei haben, auf. Bei einem freundlichen Hund lassen Sie zu, dass sich die Hunde begegnen und beschnuppern, vielleicht ein bisschen herumspringen. Aber überfordern Sie Ihren Kleinen nicht und gehen Sie bald weiter, wenn der andere Hund ungemütlich werden sollte. Gut ist, wöchentlich zu einer Spielgruppe zu gehen, wo Sie und Ihr Welpe Freundschaften mit Gleichgesinnten schließen und gemeinsam lernen können.

Diese Welpenerfahrungen sind also ganz wichtig im Leben jedes Hundes. Darüber hinaus gibt es charakterbedingte Eigenschaften, die beim Sennenhund zum Tragen kommen. Nach einer Umfrage der Zeitschrift „Partner Hund“ gehören die Berner Sennenhunde zu den verträglichsten und freundlichsten Hunderassen.

*Probleme mit anderen Hunden gibt es selten – aber oft dicke Freundschaften. (Foto: G. Abels)*

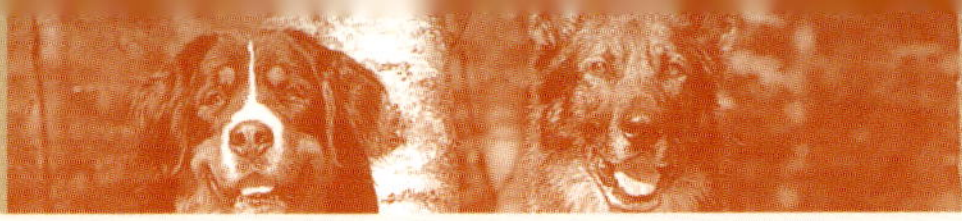

Bei der Frage nach einem Hundefeind liegt er mit Platz 14 dagegen fast an letzter Stelle. Diese Rasse pflegt also eher Freundschaften und kaum Feindschaften.

Wer wird generell als hundefreundliche Rasse bezeichnet? Bei dieser Frage liegt der Sennenhund auf Platz 3 mit einer Zustimmung von 78 Prozent. Nur Collie (Platz 2) und Golden Retriever (Platz 1) sollen noch hundefreundlicher sein. Von sich aus beißen Sennenhunde kaum. Über 83 Prozent der Halter sagen, dass Ihr Hund gar nicht aggressiv auf andere zugeht. Andererseits ist der Berner Sennenhund durchaus ein mutiger Hund, wenn er anderen begegnet. Vor großen Hunden, wie er selbst einer ist, hat er nur selten (5,6 Prozent) Furcht. Und schließlich hängt das Verhalten eines Hundes gegenüber seinen Artgenossen auch vom Alter und vom Geschlecht ab. Bei der oben genannten Untersuchung hat sich im Gesamtbild aller Rassen gezeigt, dass Rüden doppelt so oft einen Hundefeind in der Nachbarschaft haben wie Hündinnen. Überdies sind die Hundemänner auch doppelt so oft auf eine bestimmte Rasse schlecht zu sprechen. Weitere Fragen zur Aggressivität bestätigten, dass die Hündinnen wesentlich friedlicher sind. Wer sich für einen Rüden entscheidet, muss also mit geschickter, liebevoller Erziehung seine friedlichen Eigenschaften fördern. Und noch eine Bemerkung: Mit dem Alter verändert sich der Charakter oft sehr deutlich: Der Hund kann aggressiver werden, aber er verliert auch an Kraft. Wer seinen Hund schon acht Jahre kennt, der weiß dann aber, wie er damit umgehen muss. Davor braucht man sich also nicht zu fürchten. Und es lässt sich bei altersbedingtem Hundestarrsinn auch nicht mehr viel mit Erziehung daran ändern.

## Manchmal wie Hund und Katz

Katzen sind spezielle Wesen. Jeder Sennenhundbesitzer kann Ihnen zu ihnen und ihrem Hund eine andere Geschichte erzählen. Denn Katzen teilen sich beim Hund, und auch beim Sennenhund, in zwei Kategorien:

1. Die Rudelkatze. Sie lebt im Zuhause des Sennenhundes und hat sich den Riesen vermutlich bereits untertan gemacht. Es gibt hier dicke Freundschaften. Manche leben friedlich, aber desinteressiert nebeneinanderher.

2. Die Nicht-Rudelkatze. Das sind alle anderen Katzen, außer der eigenen. Hund trifft sie auf der Straße und bei Leuten, die man gelegentlich mit ihm besucht. Wie sich der Berner Sennenhund diesen Katzen gegenüber verhält, hängt davon ab, wie gern er jagt und wie gut oder schlecht seine Erfahrungen mit Katzen sind. Es ist auf jeden Fall ganz normal, wenn er hinter einer Katze herrennt, wie alle Hunde. Da der Berner Senner aber nicht zu den geschickten und wendigen Läufern gehört, haben Katzen eine gute Chance, sich in Sicherheit zu bringen.

Sollte Ihr Hund Katzen jagen, reagieren Sie mit Strenge und halten ihn bei Fuß, sobald Sie eine Katze sehen. Dann lernt er allmählich, diese Tiere einfach in Ruhe zu lassen.

Wenn Sie einen Sennenhund und eine Katze zusammengewöhnen oder miteinander halten wollen, hängen die Chancen dafür von der Situation ab:

### Der einfache Fall

Sie bekommen beide als Jungtiere. Hier müssen Sie nicht viel eingreifen. Die Freundschaft der beiden kommt ganz von selbst.

### Der mittelschwere Fall

Die Katze ist zuerst da, ein Welpe kommt hinzu. Auch in diesem Fall ist es relativ leicht, beide zusammenzugewöhnen: Schützen Sie den Welpen davor, den Katzenkrallen zu nahe zu kommen, und ermöglichen Sie der Katze immer eine Fluchtmöglichkeit vor dem Welpen. Immerhin ist er mit zehn Wochen schon größer und wuchtiger als sie und will natürlich mit diesem anderen Tier toben und spielen. Wählen Sie ruhige Minuten in der Zeit nach einem Spaziergang oder nach einer Spielstunde, wenn der Hund müde ist, um die beiden langsam miteinander vertraut zu machen. Lassen Sie beide erst dann miteinander allein, wenn Friede eingekehrt ist.

### Der schwere Fall

Der Sennenhund ist erwachsen, eine Katze kommt hinzu: Sie sollten sich ein Jungkätzchen zulegen und dem Hund nur ganz vorsichtig präsentieren. Bei manchen Sennenhunden wird nun ein Beschützerinstinkt geweckt. Sie zeigen Interesse, sie nehmen das Kätzchen regelrecht in Beschlag. Tun sie das aber nicht, sondern knurren und würden das Tier am liebsten zerfleischen, brauchen Sie sehr viel Gespür für die beiden, sehr viel Einfühlungsvermögen in diese Situation, um den Hund an die Katze zu gewöhnen. Lassen Sie die Katze nicht mit dem Hund allein, solange ihm auch nur eine Spur von Aggression gegen die Mieze anzumerken ist. Er könnte einen unbemerkten Augenblick dazu nutzen, die ungeliebte Konkurrenz auszuschalten. Hüten Sie sich auch davor, die Eifersucht des Hundes zu schüren, indem Sie die Katze in seiner Gegenwart bevorzugen oder streicheln.

*Seiner Rudelkatze wird der Hund kein Haar krümmen – außer er ist eifersüchtig. (Foto: G. Abels)*

### Nur für Experten

Erwachsener Sennenhund und erwachsene Katze. Bevor Sie ein solches Paar zusammengewöhnen wollen, versuchen Sie herauszufinden, ob wenigstens einer der beiden dem anderen Wesen gegenüber grundsätzlich positiv eingestellt ist. Zwei, die sich wie Hund und Katz wochenlang gegenüberstehen, sollte man schließlich trennen. Denn letztlich siegt in dieser Kombination immer der Hunderiese über eine kleine Katze.

*Die Neugierde ist auf beiden Seiten groß, solange der Hund hinter dem Zaun bleibt. (Foto: G. Abels)*

## Kühe, Pferde und ein Viehtreiber

Kühe sind faszinierende Wesen für Sennenhunde. Warum, erklärt sich durch die Herkunft der Rasse, die jahrhundertelang in der Schweiz als sogenannte Küherhunde gehalten wurden. Wenn sie nicht auf dem Hof Wache hielten, waren sie auf der Weide als Kuhhirten beschäftigt. Sie trieben die Kühe auf die Weide und abends zum Melken in den Stall zurück, so wie es heute noch die Bauernhunde tun.

Wenn Sie mit Ihrem Sennenhund spazieren gehen, sollten Sie aufpassen, sobald Sie an einer Kuhweide vorbeikommen. Denn der Hund, und lustigerweise auch die Kühe, sind oft extrem aneinander interessiert. Wenn Ihr Hund unterm Zaun hindurch auf die Weide entwischt, ist das aber für ihn nicht immer ein Honiglecken. Selbst wenn der Hund friedlich ist, kommen die Kühe vermutlich auf ihn zu, um zu beäugen, was sie da in Kälbergröße auf ihrer Weide besucht. Denn Kühe sind neugierige Wesen, denen jede Abwechslung in ihrem langweiligen Fress- und Wiederkäuerleben willkommen ist. Viele Kühe haben keine Hörner mehr. Auf Alpenweiden sind sie aber häufig noch damit bewaffnet. Und dann kann der junge und unerfahrene Sennenhund sein blaues Wunder erleben, wie einst Felix, der übermütig auf die Weide rannte, um ein bisschen Kühe zu jagen. Diese aber haben den Hundespund ohne Furcht auf die Hörner genommen und einige Meter weit geworfen. Es ist dabei zum Glück nichts passiert. Aber vor Kühen sei gewarnt. Das Gleiche gilt für Pferde, die zwar keine Hörner haben, aber die genauso neugierig auf den Hund zurennen und ihn mit ihren Hufen verletzen können.

Schafen geht ein Sennenhund nicht unbedingt an die Wolle. Manche Sennenhunde können gar nichts mit diesen Tieren anfangen und ignorieren sie einfach. Andere spielen Fangen mit ihnen, aber nur aus Spaß am Rennen, nicht am Töten. Der Schäfer wird ihnen eine solche Aktion allerdings sehr übel nehmen, denn Schafe sind sensible, ängstliche Tiere (mit Ausnahme von manchen Böcken) und fallen vielleicht vor Schreck in Ohnmacht oder gar durch eine Herzattacke tot um. Was für den Hund ein Spiel ist, bedeutet für das Schaf eine echte Quälerei. Deshalb leint man den Hund, der zum Schafejagen neigt, an.

Besser ist, Sie erziehen ihn so, dass er bei Fuß geht, wenn Sie an Schafen oder Ziegen vorbeikommen.

Wenn Sie auf dem Land spazierengehen, werden Sie immer wieder durch Gehöfte kommen, auf denen Hühner, Gänse, Enten, Truthähne oder

Pfaue frei herumlaufen. Die meisten Hunde reagieren auf eine solche Begegnung so wie auf ein gefundenes Fressen. Die Chance, dass Ihr Sennenhund Federvieh ungerupft lässt, ist sehr gut. Sobald Sie sehen, dass er hinterherläuft, bremsen Sie ihn mit einem scharfen Nein (oder Pfui) und holen ihn bei Fuß. Wenn Sie auf einen Bauernhof zugehen, sollten Sie Ihren Hund immer zu sich holen. Denn dort leben meistens auch andere Hunde, die es nicht mögen, wenn ein fremder Hund auf ihr Territorium kommt.

## Ein großer Kinderfreund

Sie kennen sicherlich die rührenden Bilder, wenn Hunderiesen auf einen Kinderwagen aufpassen, angekuschelt neben einem Kleinkind schlafen oder Schulkinder im Schlitten ziehen. Die Berner Sennenhunde sind solche Hunde von ihrer Veranlagung her. Aber kein Hund wird automatisch als perfekter Kinderfreund geboren. Wie gut sich Ihr Hund mit Ihrem Kind versteht, hängt von sehr vielen Bedingungen ab.

Zuallererst davon, ob er in den ersten Wochen seines Lebens beim Züchter nur positive Erfahrungen mit Menschen und auch mit Kindern gemacht hat. Alles, was ein Hund in dieser so wichtigen Prägephase als freundlich kennengelernt hat, wird er auch später in seinem Leben als freundlich einstufen. Alles, was er nicht oder negativ kennengelernt hat, wird ihm und den Menschen, die mit ihm leben, später Probleme bereiten. Wenn Ihr Hund mit Kindern leben soll, dann holen Sie sich nur einen Welpen von einem Züchter, bei dem Sie sicher wissen, dass seine Welpen schon einmal Kontakt mit Kindern hatten. Ob ein Hund dann ein echter Kinderfreund wird, hängt nicht zuletzt davon ab, wie Ihr Kind mit dem Hund umgeht. Selbst der geduldigste Hund wird sich irgendwann wehren, wenn an ihm herumgezerrt, er gehauen, getreten, geschubst, gepikst und drangsaliert wird.

War der Hund zuerst da und ein Baby kommt, kann es sein, dass Ihr Hund Anzeichen von Eifersucht zeigt. Passen Sie immer gut auf. Lassen Sie Baby und Hund generell niemals allein, später auch nur dann, wenn Sie sicher sind, dass das Kind dem Hund nicht wehtun wird.

Kleinkinder, die am Hund herumzerren, auf ihn draufklettern, an Ohren und Schwanz ziehen, ihm in Schnauze und Augen greifen, versuchen, ihm Futter oder seinen Knochen wegzunehmen, fordern auch den gutmütigsten Hund heraus. Irgendwann wird es auch einem Berner zu viel, und er versucht, nicht mehr wegzugehen, was er normalerweise tut, sondern er greift zu Erziehungsmaßnahmen. Das heißt, er behandelt das Kind wie einen ungezogenen Welpen, dem jemand endlich Manieren beibringen muss, knurrt und schnappt schließlich. Verlassen Sie sich deshalb nicht darauf, dass Ihr Bernie eine Engelsgeduld hat oder gehen wird, wenn es ihm zu viel wird, sondern erziehen Sie Ihr Kind entsprechend: Schon manchen ganz kleinen Kindern, von etwa einem Jahr an, kann man beibringen, dass alles Futter vom Hund tabu ist. Und ist das Kind verständig genug, akzeptiert es auch, dass man am Hund

*Kinder und Hund sind beim Spielen ein tolles Team. Aber bei solchen Zerrspielen ist der Hund leicht versucht, ernsthaft zu kämpfen. (Foto: G. Abels)*

nicht herumzerren darf, mit Gegenständen in ihn hineinpiksen, ihm auf die Schnauze hauen oder ihm sonstwie wehtun darf. All dies kommt vor, wenn Kleinkinder experimentell die Welt erkunden.

Hat ein Kind Grund zur Eifersucht auf den Hund, dann wird es auch noch aus diesem Grund den Hund attackieren oder drangsalieren. Erklären Sie dem Kind, was Tierquälerei ist, wie ein Hund mit Knurren zeigt, dass er böse ist, und wie er sich schließlich mit Beißen wehrt, wenn es ihm zu viel wird. Man sollte allerdings den Kindern nicht gleich Angst einreden. Denn normalerweise ist gerade der Sennenhund ein ganz lieber, freundlicher und sehr gutmütiger Hund und ideal als Gefährte für Kinder.

Kinder ab acht Jahren etwa haben meistens große Lust, dem Hund irgendetwas beizubringen. Das funktioniert nur leider sehr selten, weil die Kinder meistens nicht konsequent sind, ungeschickt vorgehen und weil ein erwachsener Hund Kinder nicht als Boss respektiert. Denn Hunde wissen auch, wer erwachsen ist und wer nicht. Erst ab der Geschlechtsreife des Kindes wird ein Hund den Menschen als höherrangig anerkennen. Man sieht das auf Ausstellungen, wenn zwölfjährige Mädchen einen großen Hund im Griff haben, jüngere aber nicht, oder selten, denn es gibt auch Ausnahmen

Trotzdem ist es für Kinder einfach klasse, mit dem Hund zu spielen und mit ihm Kunststücke zu üben. Spielerisch kann das ganz gut klappen. Wenn Sie als Erwachsener dem Hund ein paar Spiele und Tricks beibringen, dann kann auch das Kind daran beteiligt werden. Zum Beispiel verstecken im Wald. Das Kind versteckt sich, der Hund sucht auf Befehl. Oder Apportieren: Das kann auch ein Kind mit ihm spielen, sofern Sie ihm beibringen, dass der Hund den Gegenstand auslässt und auf den Boden legt. Vor Rauf- und Zerrspielen zwischen Hund und Kind sei gewarnt. Diese schlagen leicht in Ernst um, und der Mensch sollte hierbei immer als Sieger hervorgehen.

# Die Erziehung

Erziehung – das sind die Stunden, die Sie mit Ihrem Hund gemeinsam üben, das ist die wertvolle Zeit, die Sie nur ihm schenken und die Sie gemeinsam genießen. Für Ihren Berner Sennenhund bedeutet dieses Zusammensein größte Freude. Er ist begierig, es Ihnen recht zu machen, bis auf die Momente gelegentlicher Aufmüpfigkeit, in denen ein Hund testet, wer der Boss ist.

*Kinder erlauben ihrem Hundefreund gerne Sachen, die eigentlich für ihn verboten sind. Der Berner lernt schnell, das auszunutzen. (Foto: G. Abels)*

*Stellt ein Sennenhund die Ohren auf Durchzug, dann hat er in der Regel die Botschaft nicht verstanden. (Foto: G. Abels)*

Ein großer Hund braucht ein Mindestmaß an Erziehung, sonst tanzt er Ihnen auf der Nase herum und gebärdet sich als Chef. Mit seiner Größe verleiht er seinen Befehlen dann mehr Gewicht, als es Ihnen lieb sein kann.

Ein nicht-erzogener Großhund zerrt Sie an der Leine spazieren, so schnell er will, und wohin er will. Das endet dann so, dass er auch noch bestimmt, wann gegangen wird und wie oft. Man sieht sie immer wieder, die Hundehalter, die mit gespannter Leine und angespannter Körperhaltung spazieren rennen müssen. Ein solcher Stress ist leicht vermeidbar. Ferner ist es ein Unterschied, ob ein Großhund zur Freude an einem hochspringt (und umreißt), oder ein Kleinhund, wobei eigentlich gar kein Hund am Menschen hochspringen sollte. Beim Großen gelten aber noch strengere Regeln.

## Die Erziehung macht Freude

Sie sollten nicht versäumen, dem Junghund zu zeigen, wer das Sagen hat, nämlich Sie. Ein Berner Sennenhund ist im Vergleich zu manchen anderen Rassen leicht zu erziehen. Wenn Sie Glück haben, bekommen Sie ein Exemplar, das geradezu danach giert, es Ihnen recht zu machen. Wenn Sie ein eher eigenwilliges Tier bei sich aufgenommen haben, wird die Erziehung eine kleine Herausforderung, die Sie sicherlich bewältigen können. Denn völlig stur zeigt sich ein Berner Sennenhund nicht. Diese Rasse läuft nämlich nicht mit unsichtbaren Ohrstöpseln durch die Gegend, sondern hört in der Regel sehr gut auf Kommandos.

Das gemeinsame Üben macht mit einem Berner Sennenhund große Freude. Manchmal werden Sie sich auch ärgern und Ihren Hund wegen vermeintlicher Begriffsstutzigkeit zum Mond schießen wollen. Aber das sind nur Nebenerscheinungen und wahrscheinlich haben Sie nur dem Hund nicht klar genug gezeigt und gesagt, was er tun soll. Oder es fehlte Ihnen an Konsequenz. Oder vielleicht lagen zwischen Zeigen und Wiederholen zu viele Tage. Und schließlich: Vielleicht haben Sie die falsche Methode gewählt. Der Berner Sennenhund kann eine harte Hand nicht gut leiden. Er zeigt sich viel kooperativer, wenn man ihn mit Lob und Belohnung motiviert, als wenn man ihm mit Strafe kommt. Natürlich gibt es auch hier individuelle Unterschiede und der eine braucht mehr Strenge als ein anderer. Als Richtschnur kann man hier nur sagen: Versuchen Sie's erst mit viel Liebe, Konsequenz, Lob, Belohnung und Verstärkung seiner positiven Ansätze. Und setzen Sie Strafe erst dann ein, wenn es unumgänglich ist.

## Wie straft man?

Die Palette möglicher Strafen ist groß, und wann Tierquälerei anfängt, darüber streiten sich sogar die Hundeexperten. Wenn Sie von vorneherein mit Liebe und Konsequenz ans Werk gehen, werden Sie kaum eine dieser umstrittenen Erziehungshilfen brauchen, die bei absolut sturen und durch falsche bzw. fehlende Erziehung verkorksten Hunden eingesetzt werden. Gehen Sie davon aus, dass es genügt, den Hund mit barschem Ton mit „Pfui" zurechtzuweisen (z.B. wenn er reinmacht) oder mit einer zusammengerollten Tageszeitung neben dem Hund auf den Boden zu klatschen (z.B. wenn er was kaputtbeißt oder nicht loslassen will und Ihre Befehle ignoriert).

Verärgerte Hundemütter schütteln ihre Welpen am Genick, um sie zurechtzuweisen. Wenn Sie beim Schimpfen mit der Hand den Hund am Kragen packen und etwas schütteln, erkennt er das

*Nicht nur aus Neugier wird alles „getestet" und angeknabbert, was ihm vor die Zähne kommt. Vorsicht Verletzungsgefahr. (Foto: U. Schanz)*

als Strafe. Beim ausgewachsenen Berner Sennenhund mag Ihnen das vorkommen wie eine symbolische Geste. Der Hund weiß aber, was gemeint ist. Und das zählt.

Als Strafe eignet sich auch eine Unterordnungsübung. Sie sollte unmittelbar auf das Schimpfen folgen: Sitz, Platz, Bleib oder eine andere Lektion, die gerade zur Situation passt und korrigierend wirken kann. Folgt er jetzt wieder gut, wird er gelobt und das ursprüngliche Ärgernis darf dann vergessen sein. Eine solche Lektion ist wichtig, damit der Hund weiß, daß Sie der Boss sind und er folgen muss.

Wichtiger als die Heftigkeit der Strafe ist der Zeitpunkt, nämlich unmittelbar auf die Untat. Stunden nach der Missetat hat's keinen Sinn, überhaupt noch was zu sagen. Hat der Berner Sennenhund in Ihrer Abwesenheit die Blumentöpfe heruntergeworfen, räumen Sie die Scherben weg, wenn er gerade nicht zusieht, und fertig. Schimpfen würde er nicht verstehen, schlimmer noch: Er würde glauben, Sie schimpfen, wenn sie heimkommen, weil er sich freut. Und bald würde er sich gar nicht mehr freuen. Das wäre nicht nur ziemlich schade, sondern auch ein klassisches Beispiel für völlig verfehlte Erziehung.

So wie zeitlich unpassender Tadel verkehrt ist, ist auch eine unpassende Belohnung zu vermeiden, wie Sie am obenstehenden Beispiel sehen konnten. Schärfen Sie Ihre Aufmerksamkeit auf diese versteckten Belohnungen.

*Tut der Hund, was er nicht soll, muss ihm das sofort und immer gezeigt werden. Herkommen und „Sitz" sind dabei gut geeignete Gehorsamsübungen. (Foto: G. Schanz)*

In Familien kommt dies leichter vor, als man denkt. Kinder zerfließen manchmal vor Mitleid mit dem gestraften Hund und trösten heimlich. Das torpediert die Erziehung beträchtlich.

## Je größer die Familie, desto schwieriger die Erziehung

Dass in einer großen Familie die Hundeerziehung manchmal schwierig ist, hat zwei Gründe: Einmal ist es meistens die Frau und Mutter, der auch noch die Erziehung des vierbeinigen Familienzuwachses überlassen bleibt. Da sie ohnehin wenig Zeit hat und manchmal auch vom Rest der Pflichten genervt ist, kommt die Hundeausbildung zu kurz. Zum anderen reden in einer größeren Familie zu viele beim Erziehungsprogramm mit und nicht immer sprechen alle die gleiche Sprache. Der Junghund bekommt dann unterschiedliche Botschaften und Befehle und sucht sich dann das heraus, was ihm persönlich am genehmsten ist. Das ist im Normalfall nicht das, was Sie gerne von ihm wollen.

## Wer erzieht mit welchem Ziel

Wichtig ist es für eine Familie, schon beim Kauf festzulegen, WER den Hund erzieht und WAS der Hund darf bzw. nicht darf. Daran müssen sich dann alle Familienmitglieder halten. Denn in der Praxis müssen alle beim häuslichen Umgang und auf der Straße die Erziehung unterstützen.

## Futter und Lektionen aus einer Hand

Wer sich als Haupt-Erzieher bereiterklärt, wird somit auch zur Hauptbezugsperson und er sollte auch den Hund füttern, weil das die Bereitschaft des Hundes unterstützt, ihm zu gehorchen. Es geht zwar, daß die Frau den Hund füttert und der Mann abends die Lektionen vermittelt. Es ist aber besser, wenn beides aus einer Hand geschieht, zumindest für die Lehrzeit des Junghundes. Daraus können familieninterne, unausgesprochene Eifersüchteleien entstehen, über die man besser gleich redet, bevor sich eine Krise anbahnt.

## Allein oder mit Hilfe

Es kommt nicht darauf an, ob Sie schon Hunde-Erfahrung haben, oder nicht. Es ist nicht unbedingt nötig, auf einen Hundeplatz zu gehen, aber es erleichtert die Erziehung sehr, vor allem für einen Anfänger.

Das Wichtigste ist, dass Sie Spaß daran haben, Ihrem Hund etwas beizubringen und dass Sie möglichst täglich mit ihm drinnen seine Haustauglichkeit üben und hinausgehen, um dann die Straßentauglichkeit zu trainieren. Das klingt nach viel Arbeit und Anstrengung. Das ist es aber nur, wenn Sie ohne Freude dabei sind. Denn der willige Berner Sennenhund belohnt sie mit seiner Freude am Lernen vielfach für Ihre Mühe.

Wenn Sie persönlich stark mit vielen anderen Pflichten eingespannt sind, kann es für Sie ganz nützlich sein, einmal wöchentlich, etwa samstags, bei einem Hundeverein zum Training zu gehen. So überwindet man die persönliche Trägheit leichter und so kommt der Junghund dann auch in Kontakt mit anderen Hunden. Außerdem gibt es dort jede Menge guter Ratschläge. Man trifft dort gleichgesinnte Hundefreunde und findet vielleicht jemanden, der Lust zu täglichen gemeinsamen Spaziergängen hat. Beide, Mensch und Hund, haben dann jeweils einen passenden Kameraden. Was kann beim Gassigehen schöner sein, als zwei ausgelassene Hunde zusammen toben und spielen zu sehen?

*Die meisten Menschen finden es „süß", wenn ein Welpe sie anspringt, spätestens beim Junghund ändern sie ihre Meinung. (Foto: U. Schanz)*

Spielen, herumtoben und auch mal eine Kabbelei mit anderen Hunden ist für jeden Welpen und Halbwüchsigen besonders wichtig. Denn hierbei lernen die Tiere den Umgang miteinander und zeigen später ein gesundes Sozialverhalten. Isoliert aufwachsende Hunde sind später möglicherweise verhaltensgestört im Kontakt mit Artgenossen. Dennoch ist der Übungsplatz nicht unbedingt nötig, wenn in der Nachbarschaft genügend Hunde sind, die der Berner Sennenjunghund zum Spielen und Toben treffen kann. Wichtig ist, dass Sie immer dabei bleiben und eingreifen, wenn Ihr Junghund von einem anderen zu unsanft behandelt wird, was Sie immer vermuten sollten, wenn er sich plötzlich ängstlich zeigt.

## So erkennen Sie eine gute Hundeschule

In den vergangenen Jahren sind viele Hundeschulen neu gegründet worden, so dass Sie sicherlich eine gute in Ihrer Nähe finden. Fahren Sie lieber ein paar Kilometer mehr zu einer guten Schule, als Ihren Hund auf einem nahegelegenen Drillplatz zu quälen.

Achten Sie auf folgende Merkmale, zusammengestellt von der erfahrenen Hundetrainerin Angela Seidel: „Bei der Welpenspielgruppe sollten Sie darauf achten, dass nicht nur wild getobt, sondern das Spiel auch geleitet wird. Wenn zum Beispiel das Spiel zu grob wird oder einzelne Hunde gemobbt werden, muss der Leiter der Welpenspielgruppe eingreifen. Vielfach habe ich es schon erlebt, dass die Unterhaltung mit anderen Welpenbesitzern als schöne Freizeitbeschäftigung angesehen wird, dem Welpen aber kaum ein Blick gewidmet wird. Sie sollten sich vor Augen führen, welchen Zweck die Welpengruppe erfüllt: Kontakt zu anderen Welpen, das Lernen von Sozialverhalten im Zusammensein mit unterschiedlichen Rassen, deren Ausdrucksmöglichkeiten und -formen sich doch erheblich unterscheiden können. Daneben werden schon kleinere Übungen gemacht; es werden Umweltreize wie verschiedenartige Hindernisse oder Geräusche eingesetzt; die Menschen werden mit in die Übungsstunde integriert; erste Bindungsübungen wie beispielsweise Suchspiele werden durchgeführt. Die Stunde sollte also abwechslungsreich sein und diese Elemente enthalten, dann haben Sie eine gute Welpenspielstunde gefunden." Und zur Ausbildung des Junghunds: „Das Junghundetraining sollte insgesamt sehr abwechslungsreich gestaltet sein, zwischen Übungen mit Geschwindigkeit und Spaß aber auch Übungen zur Konzentration und Ruhe. Gehorsamsübungen, Gruppenübungen und Gerätetraining (keine Sprünge!) machen ein gutes Training aus."

Es ist Ihre Entscheidung, wieviel der Hund lernen soll. Unterstützen Sie Ihre Erziehung mit dem sogenannten „Clicker". Macht der Hund etwas gut, lassen Sie ihn ein „Klick" hören. Die Methode funktioniert vor allem bei ohnehin lernwilligen Hunden wie dem Berner Sennenhund sehr gut. Und schließlich: Überfordern Sie Ihren Sennenhund nicht. Lieber öfter eine kurze Übung, als eine ganz lange.

## Was der Hund draußen können muss

Wenn hier von „muss" die Rede ist, so gilt das für den Regelfall. Nützlich sind folgende Lektionen:

- Autofahren
- An der Leine gehen, ohne zu zerren
- Auf „Fuß" dableiben
- Auf Zuruf des Namens oder auf einen Pfiff hin kommen
- Keine Häufchen auf die Wege machen
- Keine Menschen anspringen
- „Sitz", „Platz" und „Bleib" bei jeder Gelegenheit befolgen
- Nicht ohne Befehl die Straßenseite wechseln
- An Kreuzungen automatisch stehen bleiben

*Rufen Sie jedes Mal „Einsteigen", wenn der Hund ins Auto springt. Dieses Signalwort prägt sich ein und bewirkt, dass er immer gehorcht. (Foto: G. Abels)*

*Am Bordstein wird immer kurz gestoppt. Mit „Sitz" oder – aus der Distanz – „Steh" wird verhindert, dass der Hund einfach auf die Straße läuft. (Foto G. Abels)*

Dies ist nur eine Auswahl. Besonders die letzten Punkte sind reine Kür und keine Pflicht. Gewöhnen Sie sich an, ALLES, was Sie mit ihm tun, durch die immer gleichen Worte zu begleiten und Sie werden sich wundern, was Ihr Hund lernt, auch ohne, dass Sie es ihm extra beigebracht haben. Denken Sie nur daran, wie schnell ein Hund das Wort „Gassi-Gehen" oder „Leckerchen" oder „Futter" versteht, ohne daß es eine Mühe wäre, ihm das beizubringen.

### Autofahren

Als Beispiel dient hier auch das Einsteigen ins Auto. Sie rufen jedes Mal „Einsteigen!", auch wenn der Hund sowieso hineinspringt. Mit diesem Befehl springt er später auch ins Auto, wenn er lieber noch ein bißchen herumtollen möchte. Und was das Autofahren selbst angeht: Fahren Sie nicht als erste Tour zum Tierarzt, sondern kutschieren Sie Ihren Hund einfach nur ein wenig spazieren oder - noch besser - zu einer Welpenspielstunde. So lernt der Hund, wie schön das Autofahren ist.

### An der Leine gehen

Der Welpe muß erst ans Halsband gewöhnt sein, bevor man eine Leine daran bindet. Er wird kratzen und verschreckt gucken, sich auf den Boden legen und ziehen lassen. Üben Sie im Flur oder im Garten auf und ab, erst nur kurz und belohnen Sie ihn mit Leckereien. Er sollte erst, wie bei jeder Übungslektion erst nach dem Training gefüttert werden. Auf die Straße dürfen Sie mit dem Welpen erst, wenn sein Impfschutz komplett ist, worüber Ihnen der Tierarzt Auskunft geben kann. Junge Hunde brauchen viel Schlaf und nur wenig körperliche Anstrengung. Sie tollen manchmal heftig, dann aber schlafen sie blitzschnell ein. Man überschätzt ihre Kondition. Gerade die großen Rassen im Wachstum müssen wegen der Hüftgelenke geschont werden.

An der Leine zerren gewöhnen Sie ihm ab, indem Sie anhalten ihn sofort zurückziehen. Dann lassen Sie die Leine wieder locker. Der Hund lernt: Immer, wenn die Leine stark strafft, geht es nicht mehr weiter und er wird langsamer, wenn er die Leinen-Spannung spürt. Nützlich ist auch, unvermittelt öfters die Richtung zu ändern. So lernt er aufmerksam darauf zu achten, bei Ihnen zu bleiben.

### Der Befehl „Fuß“

Günstig ist es, wenn der Hund bei Fuß geht, nicht nur wenn er sich langweilt, sondern auch dann, wenn er am liebsten davonstürmen würde, etwa weil ein anderer Hund aufgetaucht ist, weil eine Hündin verführerisch duftet, weil ein Kaninchen vor ihm hochspringt und wegrennt oder weil ein Bach zum Füßebaden einlädt. Er muß auch lernen, nicht an jedem Zaunpfahl zu schnuppern, sondern zügig weiterzugehen. Aber vergessen Sie nicht, daß auch das Schüffeln ist für Ihren Hund wichtig ist. Alles zu seiner Zeit.

„Fuß“ ist ein sehr nützlicher Befehl, der dem Hund nämlich ermöglicht, ohne Leine zu gehen. Das Ziel ist „Hier“ und „Fuß“ zu rufen und der Hund trollt sich augenblicklich an Ihre – bevorzugt linke – Seite und geht dort wie als wäre er an Ihrem Knie angebunden und nichts und niemand kann ihn dort weglocken, es sei denn, Sie lassen ihn mit einem „Lauf zu“, einer Handbewegung oder einem anderen Freibrief-Befehl wieder davonstürmen. Das klingt traumhaft und funktioniert mit einem Berner Sennenhund gut, sofern es immer wieder geübt wird, auch wenn das Tier erwachsen oder älter ist. Denn Hunde vergessen auch, was sie gelernt haben, wenn es nicht wiederholt wird.

*An der Leine gehen, ohne zu ziehen, ist mit das Wichtigste, was ein Sennenhund können muss. (Foto: U. Schanz)*

### Herkommen

Seinen Namen sollte jeder Hund kennen. Sie rufen den Namen sicherlich häufig. Daß der Hund auch kommt, wenn er seinen Namen hört, ist nicht selbstverständlich. Name plus „Komm“ oder „Hier“ oder „Hierher“ sollte ihn zu Ihnen bringen. Wenn er sich taub stellt, leinen Sie ihn

*Auf Sichtdistanz bleibt der Hund liegen und gehorcht. Verschwindet sein Mensch um die Hausecke, sagt sein Instinkt: „Folge ihm.“ (Foto: U. Schanz)*

an und ziehen ihn bei „Komm“ oder dem von Ihnen gewählten Befehl, zu sich. Vergessen Sie nicht, ihn zu loben und zu belohnen. Hat er den Komm-Befehl gelernt, lassen Sie die Leckereien weg und loben nur noch. Denn sonst denkt er, bei „Komm“ oder „Hier“ bekommt er immer etwas zu fressen. Gehen Sie dann über zu „Sitz“ und „Platz“ über. Allmählich können Sie das „Hier“ auch mit einem Pfiff verbinden. Der Hund wird mit Sicherheit sehr schnell allein auf den Pfiff hin angerannt kommen. Trifft der Hund bei Ihnen ein, soll er zunächst „Sitz“ machen und wird dann gelobt.

## „Sitz“, „Platz“ und „Bleib“

Diese Lektionen müssen immer mit einer freien Spielstunde, gemeinsamen Toben und Tollen beendet werden. Denn das Ruhigstellen erhöht die Spannung im Tier und braucht anschließend einen Ausgleich.

„Sitz“ unterstützen Sie, indem Sie das Tier am Halsband halten und den Po hinunterdrücken. Wenn er „Sitz“ perfekt beherrscht, üben Sie „Platz“. Das erreichen Sie, indem Sie ihm zusätzlich sanft die Vorderbeine wegziehen. Unterstützen Sie diese Übung immer mit einer Handbewegung. Das hilft dem Hund, zu verstehen, was Sie von ihm wollen. Und später genügt schon diese Handbewegung, daß Ihr Hund sich niederlegt. Das ist praktisch und alle Welt wird Sie bewundern. Dabei ist es so einfach, wenn man von vorneherein daran denkt, Befehl und Handbewegung konsequent zusammen anzuwenden.

„Bleib“ ist viel schwieriger, weil es dem natürlichen Drang des Hundes entgegensteht. Er will Ihnen als geborenes Rudeltier immer hinterherlaufen. Und nun soll er darauf verzichten, er soll folgen, ohne zu hinterzufolgen. Üben Sie sich in Geduld, wenn das eine Weile dauert, bis er's kapiert hat. Sagen Sie „Bleib" und deuten Sie auf den Platz, wo er sitzt, gehen Sie ein Stück zurück, tadeln Sie ihn, wenn er aufstehen will. Entfernen Sie sich immer weiter, schließlich so weit oder um eine Ecke, daß er Sie nicht mehr sehen kann. Solange er Sie sieht, fällt es ihm leichter sitzen zu bleiben. Sind Sie verschwunden, wird der Drang, Sie zu suchen, übermächtig. Doch er wird auch das lernen und künftig problemlos vor einem Geschäft auf Sie warten.

### Straßensauber

Im Garten kennt der Sennenhund seine Ecke, wo er darf, wenn er muß. Auf der Straße kann er ein Prinzip lernen: Niemals auf Teer oder Asphalt, niemals in einen Vorgarten, immer in ein Gebüsch oder in einen Wald. Sie werden Ihren Hund schnell kennenlernen und wissen, daß er einen Löseplatz sucht. Dann steuern Sie möglichst schnell eine passende Stelle an. Ziehen Sie ihn immer und sofort weiter, wenn er sich mit Häufchenbuckel an eine verkehrte Stelle postiert, und zwar noch bevor er sein Geschäft erledigen konnte.

### Keine Menschen anspringen

Am liebsten springt Ihr Hund an Ihnen hoch, und zwar immer dann, wenn Sie nach Hause kommen. Das ist ein Welpenverhalten und muß nicht ein Leben lang weiterbestehen. Begrüßen Sie Ihren Welpen erst dann, wenn er aufhört hat, Sie anzuspringen. Später, wenn er ein Junghund geworden ist, können Sie ihn bereits mit „Nein" zurechtweisen, wenn er hochspringt. Wenn er auch als Erwachsener noch an Ihnen hochspringt, drehen Sie sich zur Seite und rufen laut „Nein" oder „Pfui". Das zeigt ihm, daß die Hochspring-Zeiten ein für allemal vorbei sind.

### Straßen überqueren

Mit Übung und Konsequenz lernt der Sennenhund, niemals ohne Erlaubnis über eine Straße zu gehen. Das sollten Sie von Anfang an mit ihm üben. Dazu führen Sie am besten den Befehl „Steh" ein. Diesen können Sie auch anderweitig einsetzen, wenn der Hund stehenbleiben soll, etwa, wenn er einem Kaninchen folgen möchte.

*Geht ein Hund konzentriert „bei Fuß", bestimmt der Mensch das Tempo und hat eine stärkere Kontrolle über die Situation. (Foto: G. Abels)*

Wenn ein Hund unvermittelt über die Fahrbahn läuft, kann er einen Unfall mit schlimmen Folgen verursachen. Ein Hund, der absolut auf den Befehl „Fuß" hört, rennt auch nicht unvermittelt auf die andere Seite. Sie können jedoch mit dem Befehl „Steh" die Bewegungsfreiheit des Hundes erweitern. Das ist kein Widerspruch. Denn auch im Wohngebiet ist es nicht nötig, dass der Hund immer bei Fuß geht. Er schnüffelt und schnuppert ja so gerne an allen möglichen Pfosten und Sie selbst lieben es, in Ihrem Tempo zu gehen. So kann man durch die Erziehung zum Stehenbleiben an wichtigen Stellen, einen angenehmeren Spaziergang im Wohngebiet erreichen.

*Im gemütlichen Trab neben dem Fahrrad darf nur ein absolut gesunder Hund laufen. Der Sennenhund wird dabei schnell überfordert. (Foto: U. Schanz)*

## Bellen

Bellen ist normal, aber manchmal einfach zuviel. Es gibt zwei Situationen, die mit Bellen verbunden sind: Einmal bellt der Hund, wenn Sie anwesend sind. Schwieriger ist es, wenn er bellt, wenn oder weil Sie nicht da sind.

Im ersten Fall können sie relativ leicht eingreifen, wenn Sie zu ihm gehen und ihm die Schnauze zuhalten und „Still" oder „Aus" oder „Ruhe" sagen. Er lernt dann diesen Befehl und bald ist es nicht mehr nötig, ihm die Schnauze zuzuhalten.

Wenn Sie nicht anwesend sind, müssen Sie erst herausfinden, warum der Hund bellt. Ist er einsam, dürfen Sie kein Mitleid zeigen, sondern ihm mit Unmut und Ruhe-Befehl zurechtweisen. Günstig ist es, wenn Sie ein Tonband mit dem Befehl von außerhalb der Wohnung abspielen können.

Bellt der Hund im Garten, will er manchmal nur hereingeholt werden. Wenn er erst einmal gelernt hat, dass Sie ihn sofort panisch nach drinnen holen, wird er das Bellen immer wieder dazu einsetzen, um ins Haus geholt zu werden. Besser ist, Sie gehen dann selbst nach draußen und üben den Ruhe-Befehl mit ihm. Bellt er, etwa weil Sie Igel im Garten haben oder weil ein Nachbarhund zum Mitbellen animiert, gilt im Prinzip das Gleiche: Stellen Sie das Bellen mit Befehl ab und lassen Sie den Hund erst dann ins Haus, wenn er eine Zeitlang allein im Garten wieder ruhig war.

# Was im Haus wichtig ist

- Stubenreinheit
- Verbotene Räume und Plätze
- Ruhig sein
- Akzeptieren der Schlafecke
- Kein Gebettel bei Tisch
- Knabbern an richtigen Objekten
- Spielregeln

**Stubenreinheit**

Vorausgesetzt Sie haben einen Welpen und keinen unsauberen, verhaltensgestörten Hund übernommen, dann lernt er schnell, daß er nicht ins Haus machen darf. Wenn er aufwacht, muss er und wenn er gefressen hat, auch. Dazwischen gehen Sie alle zwei Stunden mit ihm hinaus. Zeigen Sie dem Welpen, wo er sein Geschäft machen darf, akzeptieren Sie keine andere Stelle. Dann wird er später immer dorthin machen. Geht eine Pfütze auf den Teppich, sagen Sie laut Nein, schütteln ihn am Kragen und befördern ihn an seinen Löseplatz. Natürlich macht er jetzt nicht noch eine Pfütze. Trotzdem ist diese Aktion wichtig.

Führen Sie ein Wort für diese Gelegenheit ein wie „Mach mal“, „Pfütze“, „Häufchen“ oder etwas ganz anderes, wie „Fix, Fix“, es ist egal, nur allzu unappetitlich sollte der Begriff nicht sein, denn Sie bewegen sich ja auch in der Öffentlichkeit mit Ihrem Hund und brauchen ab und zu dieses Wort, wenn andere zuhören.

**Verbotene Räume und Plätze**

Wie oben schon erwähnt, ist es wichtig, dass die Familie eine Übereinkunft trifft, was der Hund darf und was nicht. Es fällt schwer, einem so süßen Welpen mit diesem sehnsuchtsvollen Blick das Sofa zu verbieten. Es gehört jede Menge Selbstverleugnung dazu, ihn nachts auf den Boden zu verbannen und ihn nicht ins Bett.

*Die ersten Tage mit ihm sind anstrengend für seinen Menschen, denn dieses „Bärchen“ muss alle zwei Stunden raus. (Foto: U. Schanz)*

Weitere Plätze, wo Ihr Hund nicht gut hinpasst, sind die Küche, wie schon erwähnt, und der Platz unter dem Tisch. Dort liegt er mit der größten Selbstverständlichkeit. Nicht unter jedem Tisch haben ein Sennenhund und die Füße seiner Menschen gemeinsam Platz. Aber wenn Sie ihn oft ins Restaurant mitnehmen wollen, dann lassen Sie ihn lieber doch unter dem Tisch, denn in Gaststätten fällt er dort oder unter der Sitzbank am wenigsten auf. In der Wohnung können Sie ihn allerdings auch darauf trainieren, dass er während Ihrer Mahlzeiten auf seinem Lager liegt. Der Befehl „Geh auf den Platz" eignet sich dafür gut.

### Ruhig sein

Bellen und Jaulen stellen Sie ab, indem Sie dem Hund den Fang zuhalten und „Pscht!" sagen. Um es zu trainieren, führen Sie die Situation künstlich herbei (z.B. Türklingel) und üben es mehrfach hintereinander.

### Akzeptieren der Schlafecke

Es erfordert einige Geduld, den Hund immer wieder auf seinen Schlafplatz zurückzubefördern. Denken Sie beim Kauf einer Schlafstatt für Ihren Berner Sennenhund und bei der Auswahl des Standortes daran, wie groß das Tier einmal sein wird. Und bedenken Sie auch, daß er ein langes, dickes, dichtes Fell haben wird und nicht wie ein Windhund einen Platz an der Heizung bevorzugt, sondern lieber im kühlen, aber zugfreien, Flur liegt. Es spricht nichts dagegen, mehrere Plätze einzurichten, ganz im Gegenteil: Auch ein Hund möchte gerne kältere und wärmere Stellen aufsuchen können und er hält sich gerne in Ihrer Nähe auf. Zwingen Sie Ihren Hund nicht auf eine warme Unterlage, wenn er sie wegräumt und sich stattdessen lieber auf einen kühlen Untergrund legt.

Hunde sollte man ohnehin nicht so verweichlichen lassen und es macht nichts, wenn Sie Ihren Berner Sennenhund täglich ein paar Stunden im Garten lassen, wo er sich mit ziemlicher Sicherheit seine Schlafstelle selbst wählt. Wundern Sie sich nicht, wenn er statt in seiner Hütte zu schlafen, sich unter einem Baum ein Erdloch gräbt, in dem er sich nicht nur mit Wohlbehagen wälzt, sondern das er als Schlafplatz der Hütte, einer Wiese oder Ihrer Terrasse bevorzugt.

### Kein Gebettel bei Tisch

Diesen braunen, flehenden Augen mit erwartungsvoll nach vorne gerichteten Schlappohren, einem vor Spannung zitternden Hundekörper, dessen Ende wild herumwedelt, kann man schlecht widerstehen. Ganze Familiendramen können sich daraus entwickeln. Denn die so gern als „Ausnahmen" definierten Stückchen vom Tisch, sind eben keine Ausnahmen, sondern die Regel. Und das weiß der Hund und wird sie einfordern.

Versuchen Sie die Sache mit Vernunft anzugehen: Wenn ein so großer Hund weiß, daß Leckereien auch auf dem Esstisch zu finden sind, wird er nicht nur lästig betteln, er wird auch versuchen, sich selbst zu bedienen! Und das fällt ihm nicht schwer: Bei seiner Größe ist sein Kopf ohnehin fast auf Tischhöhe. Und wer mag schon eine gierig sabbernde Hundeschnauze auf dem Teller? Schicken Sie den Hund während Ihrer Mahlzeiten auf seinen Schlafplatz. Immer. Jedes Mal und verlangen Sie von allen Familienmitgliedern, daß sie aufs Füttern vom Tisch verzichten. Bleibt vom Tisch etwas übrig, das der Hund haben darf, zum Beispiel Reis, Nudeln, Kartoffeln, ein Stück Steak oder Ei, dann kann man ihm das später in den Napf geben.

### Knabbern an richtigen Objekten

Junghunde sind im Zahnwechsel und haben ein sehr starkes Bedürfnis, ihre Zähne in hartes Material zu schlagen und knabbern buchstäblich, was das Zeug hält. Und es hält meistens nicht viel. Schuhe, Kabel, Sofakissen, ledergebundene Bücher in der untersten Regelreihe, Handtaschen, Teppiche, Stuhlbeine, Möbelkanten, alles was der Hund erwischt, wird zerbissen, es sein denn, Sie passen auf und bieten Ersatz an.

Doch keinem Junghund gefällt es, den immer gleichen Kauknochen zu bekommen. Er liebt es auch einmal, einen alten Karton zu zerfetzen, einen ungiftigen und ungefährlichen Plastik-Gegenstand zu traktieren, eine alte Jeans in Stücke zu reißen, einen echten Rinderknochen oder einen alten Schuh zu bearbeiten. Vermeiden Sie Korbgeflecht – es sticht allzu leicht in den Gaumen. Bieten Sie ihm verschiedenes an, so können Sie Ihren Hausrat am besten schützen. Klaut er sich trotzdem Ihre Pantoffeln, nehmen Sie ihn

*Der Schlafplatz für einen Sennenhund muss XL-Maße haben, und es gehört nicht an die Heizung. (Foto: G. Abels)*

mit einem lauten „Nein“ weg. Läßt er nicht los, führen Sie hier den Befehl „Aus“ ein.

**Spiel-Regeln**

Vielleicht wundern Sie sich, dass es Spiel-Regeln überhaupt gibt, denn das ist doch eigentlich der Bereich, bei dem einmal nichts gelernt, sondern getobt und gespielt wird. Das ist richtig. Trotzdem gibt es ein paar Grundsätze zum Spiel. Denn spätestens hier wird der Hund übermütig und Sie werden den Befehl „Aus“ nun mit ihm üben. Besonders gern raufen Hunde um Gegenstände. Ein abgeschnittenes Jeansbein, an dem Sie und er herrlich hin- und herziehen können, wird zum Vergnügen pur für einen Junghund, und später auch für den erwachsenen Sennenhund. Beim Spiel entsteht jedoch die Gefahr, daß der Hund seine Stärke erfährt und Chef-Allüren entwickelt.

Bestehen Sie daher darauf, daß immer SIE das Spiel gewinnen. In der Praxis sieht das so aus, dass Sie selbst bestimmen, wann Ende ist. Und dass Sie den Gegenstand zum Schluß einfordern, der Hund „Aus“machen muß, um den Spielgegenstand Ihnen zu überlassen.

Ferner sollten Sie beim Spiel aufpassen, dass der Hund nicht aus Übermut zubeisst. Bisse sind grundsätzlich tabu und führen dazu, dass Sie das Spiel sofort abbrechen und eine Unterordnungsübung mit dem Hund anschließen. Das Gleiche gilt, wenn der Hund so in Rage gerät, dass er Sie anknurrt. Dämpfen Sie sein Überlegenheitsgefühl sofort mit einer Sitz- und Platzübung.

## Spezialkenntnisse

Die bisherigen Erziehungsmöglichkeiten sind für einen normalen Familienhund völlig ausreichend. Wer ihm weitere Fähigkeiten antrainieren möchte, findet im folgenden Anregungen. Da der Sennenhund kein besonders wendiger und schneller Hund ist, wird er auf dem Agility-Parcours keine Lorbeeren einheimsen und auch bei Flyball wird es bessere als ihn geben. Solche Sportarten sind für große schwere Hunde nicht ratsam, zumal die Gelenke und Hüften stark belastet werden, was vorschnell zur Abnutzung führen kann.

Seine ureigene Aufgabe war einst, einsame Bergbauernhöfe zu bewachen, ohne gleich einen Besucher zu beißen. Als Wachhund eignet sich der Sennenhund sehr wohl, doch ist es zweierlei, ob man ihn zum Schutzhund ausbildet, oder als Hofwächter einsetzen will.

Eine Schutzhundausbildung wird er mit wenig Freude mitmachen, denn es fehlt ihm zum Glück der nötige Biß für diese ohnehin umstrittene Form der Hundeausbildung. Eine Wachhund-Ausbildung gibt es bei Vereinen noch nicht. Wenn der Hund gut auf seine Familie geprägt ist, wird er sie instinktiv bewachen.

Ausgewachsene Sennenhunde im besten Alter zwischen einem und sechs Jahren, die keine Hüftgelenkprobleme haben, sind unermüdliche, langandauernde Wanderer mit schnellem Schritt. Sie können auch am Fahrrad oder neben der Loipe mitlaufen. Leider aber haben viele große Hunde keine ganz einwandfreien Gelenke, so dass man sie nicht überfordern sollte. Der Tierarzt kann im Zweifelsfall durch eine Röntgenuntersuchung feststellen, wie es um Ihren Hund in dieser Hinsicht steht. Gesunde Hunde ziehen gern aus Spaß einen Kinderkarren oder Schlitten. Und sie sind auch gute Schnüffler.

Sennenhunde lieben den Schnee und die Berge. Man kann sie zu Lawinenhunden bzw. Suchhunden ausbilden. Traditionell wählen die Rettungsdienste aber andere, leichtere Rassen (z.B. Schäferhunde) als Sennenhunde oder Bernhardiner, weil diese sich als zu schwer und schwerfällig erwiesen haben und auch per Hubschrauber nicht so gut transportierbar sind. Obwohl Sennenhunde von ihrem Charakter her wunderbare Blinden- oder Rollstuhlhunde wären, sind sie auch dort nicht die erste Wahl. Denn auch hier braucht man leichtere und kleinere Hunde, wie etwa Schäferhunde, Golden oder Labrador-Retriever oder Rottweiler.

Wenn Sie mit Ausbildern zu solchen Spezialfähigkeiten bekannt sind und eine junge Hündin haben, dann können Sie unbedenklich einen solchen Lehrgang mitmachen. Denn Sennenhündinnen sind oft viel kleiner als die Rüden und ihr Eifer bei der Arbeit ist bewundernswert.

*Kühles Gras im Garten ist zum Wälzen da, und zum Schlafen, und zum Buddeln ...* (Foto: G. Abels)

# Leben mit einem Berner Sennenhund

Ein Berner Sennenhund ist bei vielem, das Sie unternehmen, sofort und freudig dabei. Fast alles ist ihm recht, von Hütte zu Hütte wandern, durch eine Loipe stapfen, neben dem Fahrrad hertrotten, auf dem Sofa mit Ihnen kuscheln, alles ist ihm recht, wenn er nur nicht tagein tagaus weitgehend unbeachtet auf seinem Platz liegen muss.

*Quer über Wiesen rennen zu dürfen, sich austoben zu dürfen, ist für jeden Hund der Höhepunkt des Tages. (Foto: INFO-Hund/Krämer)*

Hunde sind Gewohnheitstiere, was den normalen Alltag betrifft. Sie brauchen einen geregelten Tagesablauf, wollen ihre Ordnung haben. Sie lieben aber auch wie wir Menschen die gelegentliche Abwechslung. Deshalb ist es schön für Ihren Sennenhund, wenn Sie ihn so viel wie möglich auch in Ihrer Freizeit mitnehmen. Und das ist nicht immer leicht. Es wird ihm kaum erspart bleiben, öfter mal zu Hause oder im Garten auf Sie warten zu müssen. Oft aber nimmt man seinen Berni aus reiner Bequemlichkeit oder Gedankenlosigkeit nicht mit. Das ist schade für ihn, aber auch für den Halter, der damit wertvolle gemeinsame Zeit mit seinem Hund verschenkt.

darauf verzichten. Lassen Sie ihn zur Sicherheit mit einem Mikrochip vom Tierarzt kennzeichnen und bei den Zentralregistern (siehe Anhang) registrieren.

Der Berner Sennenhund ist kein Kläffer und auch kein Unruhegeist. Sofern Sie mit ihm genügend spazieren gehen, spielen und toben, wird er die restliche Zeit ruhig auf seinem Platz liegen. Gönnen Sie ihm einige harte Kaugegenstände, dann zerknabbert er auch keine Tischbeine und anderes. Ein Welpe im Zahnwechsel dagegen wird alles anknabbern, was ihm schmackhaft und beißbar erscheint, solange Sie es ihm nicht verbieten.

## Gegen Langeweile und Hitze

Ihr Hund soll sich zu Hause wohlfühlen, auch wenn Sie gerade keine Zeit für ihn haben. Das Wichtigste ist, dass er nicht allzu viel allein sein muss. Mehr als vier bis sechs Stunden am Stück sollte er nicht auf Sie warten müssen.

Aber es gibt so viele kleine Erledigungen, etwa schnell zum Bäcker, zum Zeitungskiosk, zum Postkasten oder vieles mehr, für die man das Auto nicht unbedingt braucht. Nehmen Sie stattdessen lieber Ihren Hund mit und gehen Sie zu Fuß. Er kann ruhig ein paar Minuten vor einem Geschäft auf Sie warten. Wenn Sie Angst haben, dass Ihr Sennenhund vor einem Geschäft gestohlen wird, vielleicht weil in Ihrer Gegend schon öfter Hunde auf unerklärliche Weise verschwunden sind, dann sollten Sie allerdings

*Dicke kuschelige Teppiche lässt er gern links liegen. Lieber ist ihm ein kühler Untergrund. (Foto: G. Abels)*

*Bevor „Porzellan zerbrochen" wird, sollte geklärt sein, ob Hund und Haus besuchsgeeignet sind. (Foto: G. Abels)*

Der erwachsene Hund liebt die großen Büffelhautknochen oder Ochsenziemer, die das Format haben, die ein Großhund braucht. Mit den kleinen Sticks oder Kaustängelchen kommen Sie beim Berni nicht weit.

Wenn Ihr Berner Sennenhund viel Zeit draußen verbringt, dann wächst ihm ein dickes Fell, das auch im Sommer noch eine dicke Unterwolle hat. Damit es ihm damit nicht zu warm wird, können Sie nur alles abgestorbene Haar gründlich auskämmen. Diese Prozedur dauert lang, täglich mindestens eine Viertelstunde oder am Wochenende eine lange Striegelsitzung von einer Stunde. Darüber hinaus sollten Sie ihm für die Sommertage einen kühlen Schlafplatz suchen, sowohl draußen wie auch drinnen. Der Sennenhund liebt es, auf einem kühlen Steinboden zu liegen. Wenn Ihr Hund zu Gelenkerkrankungen (Rheuma, Arthritis, Arthrose, HD) neigt, wie leider so mancher Sennenhund, dann sollten Sie das Problem mit dem Tierarzt besprechen. Ein kühler Schlafplatz kann die Beschwerden verschlimmern. Doch es kann Ihnen passieren, dass Ihr Hund sich einfach weigert, auf einer warmen Unterlage zu liegen, und alles zerkratzt und zerwühlt, worauf Sie ihn zwingen wollen zu liegen. Draußen liegt der Hund am liebsten in einer selbst gegrabenen Erdkuhle im Schatten eines Baumes oder einer Hauswand. Er sucht sich selbst die kühlsten Stellen, und ihm ist es nicht bewusst, dass dort rheumatische Beschwerden eher schlimmer als besser werden.

Das gilt leider auch für sein Verhalten im Winter. Sennenhunde mit entsprechend dickem Fell lieben es, sich einschneien zu lassen. Als Halter muss man abwägen, was ihm guttut und was nicht. Fragen Sie Ihren Tierarzt, wenn Sie beobachten können, dass es ihm nach einer „Schneesitzung" schwerfällt aufzustehen. Hat Ihr Hund gesunde Gelenke, kann er ruhig stundenlang im Schnee zubringen, solange er jederzeit in eine trockene warme Schutzhütte oder ins Haus gehen kann.

## Besuche mit Hund

Jeder Hundehalter kennt auch Leute, die es nicht mögen, wenn man einen Hund mitbringt, und erst recht keinen großen. Ein solcher kommt mit riesigen Schmutztappern durch den Flur, verliert jede Menge Haare, trägt seine Schnauze auf Couchtisch-Höhe, wo der Kuchen lockt. Dann fegt er mit seinem Schwanz ein paar Nippesfiguren vom Bord herunter, rennt aus Versehen das Kleinkind um, verfolgt die Katze und reißt dabei die Stehlampe um, bevor er sich auf dem Perserteppich niederlässt, nicht ohne vorher ein wenig daran zu kratzen, damit's ihm auch gemütlich genug dort ist. Dieses Szenario ist natürlich überspitzt formuliert. Es genügt schon ein einziger Umstand davon, um den Sennenhund als unerwünschte Person künftig nicht mehr ins Haus zu lassen. Ein gut erzogener, sauberer und nichthaarender Sennenhund ist andererseits auch ein gern gesehener Gast. Hier einige Tipps, wie Besuche mit ihm gut klappen:

- Erkunden Sie sich vorher beim Gastgeber, ob Sie ihn mitbringen dürfen.
- Wenn ja, dann sorgen Sie dafür, dass er keinesfalls haart.
- Nehmen Sie einen Lumpen mit, mit dem Sie ihm gegebenenfalls die Pfoten abwischen, bevor Sie ihn die fremde Wohnung betreten lassen.
- Wischen Sie auch Spuren aus dem Treppenhaus wieder weg.
- Erziehen Sie Ihren Hund so, dass er brav auf einem Platz liegen bleibt (Befehle: Platz und Bleib).
- Suchen Sie in der fremden Wohnung eine ruhige kühle Stelle (zum Beispiel an der Verandatür), wo es nicht stört, wenn der Hund dort liegt.
- Nehmen Sie eine Unterlage für den Hund und einen Kauknochen mit.
- Nach zwei bis drei Stunden sollten Sie mit dem Hund eine Runde nach draußen gehen oder heimfahren.

*Wenn mehr als ein großer Hund transportiert werden muss, ist so ein Spezialhundeanhänger am sichersten. (Foto: G. Abels)*

## Unterwegs mit dem Hund

Im Kapitel „Erziehung“ erhalten Sie viele Tipps, wie ein Spaziergang mit Ihrem Hund Freude macht. Wie viel Sie mit ihm laufen oder gar Rad fahren können, hängt vom Alter Ihres Hundes, seiner Kondition und Gesundheit ab. Ein Hund unter zwölf Monaten darf grundsätzlich nicht voll belastet werden. Wenn Sie sehr aktiv sind, fragen Sie Ihren Tierarzt, ob der Hund dafür geeignet ist. Sorgen Sie auch dafür, dass Ihr Sennenhund nicht überfüttert ist. Bei dem dicken Fell sieht er zwar immer fülliger aus als ein Windhund, doch sollte man beim Berner Sennenhund die Rippenbögen mit der Hand fühlen können. Wenn Sie dem Hund von hinten beim Laufen zusehen und es schwenkt der Bauch nach links und rechts, dann ist er eindeutig zu dick. Sie specken Ihren Hund besser zuerst nach der Methode „Halbe Futterration“ oder mit einer speziellen Diätkur ab, bevor Sie mit ihm zu sportlichen Höchstleistungen aufbrechen. Denn ein Schwergewicht belastet die Gelenke zu stark, wenn er plötzlich doppelt so viel laufen soll wie gewöhnlich.

Wie gut sich Ihr Sennenhund am Fahrrad benimmt, hängt von Ihrer Erziehung ab. Felix liebte es, abrupt stehen zu bleiben, wenn er etwas Verlockendes am Straßenrand roch. Einen Kleinhund zieht man dann leicht weiter. Einen großen Sennenhund nicht, und Sie überschlagen sich mit dem Fahrrad, wenn der Hund solche Bremsmanöver macht. Auf jeden Fall sollten Sie sich eine geeignete Sicherheitsvorrichtung am Fahrrad für Hunde zulegen, die es im Fachhandel zu kaufen gibt. Beim Spaziergang selbst gibt es zwei Sorten von Ausflügen:

*Sein Lernwille ist groß, sein Spaß an gemeinsamen Aktivitäten auch, aber sein Körperbau setzt sportliche Grenzen. (Foto: G. Abels)*

### Der Routinegang um die Ecke

Das Schnüffeln und Pinkeln an jeder Ecke ist wichtig für den zwischenhündischen Nachrichtenfluss. Gönnen Sie Ihrem Sennenhund daher auf jeden Fall eine tägliche Runde um den Häuserblock und lassen Sie ihn dort schnuppern, wo er will. Muss ein Hund immer stramm gehen, nehmen Sie ihm das Vergnügen zu erschnuppern, was so in der Nachbarschaft los ist. Das ist aus der Sicht des Hundes äußerst gemein. Das stramme Gehen können Sie beim Hauptspaziergang mit ihm praktizieren.

### Der Ausflug ins Grüne

Zum Austoben muss der Sennenhund ins Grüne. Auf Wiesen und Feldern herumtoben zu können ist nahezu für alle Hunde das schönste Ereignis des Tages. Wenn er sich ausgetobt hat, üben Sie Befehle. Denn wenn Sie diese nicht regelmäßig wiederholen, vergisst der Hund sie leider wieder. Ohne Auto geht es praktisch nicht.

Und da dürfen Sie nicht besonders pingelig sein: Ein Hund haart nun einmal, er steigt schon mal mit Schmutzpfoten ein, und manchmal ist er auch noch nass oder feucht und verbreitet sein „Hundeparfüm“ im Innenraum. Da die Sennenhunde ein kühles Bad, und sei es nur zum Planschen, sehr lieben, dazu aber meistens eine Autofahrt nötig ist, wird es relativ häufig vorkommen, dass Ihr Sennenhund das Auto vollmüffelt. Gönnen Sie ihm die Freude trotzdem, auch wenn Sie der Geruch stört. Sie können mit einer Gummimatte auf der Ladefläche oder mit einem Tuch auf der Rücksitzbank das Auto vor allzu großer Verschmutzung schützen.

Damit der Hund brav im Auto bleibt, fahren Sie am besten bei den ersten Fahrten zu schönen Gassistrecken und nicht immer nur zum Tierarzt oder zum Einkaufen, wo er dann im Auto warten muss. Verknüpft er Autofahren mit schöner Unternehmung, wird er niemals im Auto randalieren oder sich weigern einzusteigen. Im Gegenteil: Er freut sich, wenn Sie zum Wagen gehen, und wird vielleicht einer von den Hunden, die kaum wieder aus dem Auto herauszubekommen sind.

Wichtig ist, dass Sie Ihren Hund im Auto so sichern, dass er Ihnen bei einer Vollbremsung nicht durchs Auto nach vorn fällt. Sie gefährden mit einem ungesicherten Hund im Auto sich, Ihre Familie und andere Verkehrsteilnehmer und verlieren unter Umständen den Versicherungsschutz. Besser ist, Sie greifen auf eines der Angebote im Fachhandel zurück, mit denen Hunde im Auto „dingfest“ gemacht werden können. Denken Sie daran, dass schon bei einem Zusammenstoß mit 50 Stundenkilometern ein Hund mit dem Siebenfachen seines Körpergewichts nach vorn geschleudert wird.

Am sichersten für Ihren Hund sind fest ins Auto eingebaute Transportboxen oder fest montierte Absperrgitter vor Rückbank oder Ladefläche. Mit einem Gepäcknetz ist ein so großer Hund wie der Sennenhund nicht gesichert, auch dann nicht, wenn es fest verschraubt ist. Transportboxen, die Sie lose auf die Ladefläche eines Kombis stellen können, fliegen Ihnen im Ernstfall mit dem Hund durchs Auto.

Und ein TÜV-Stempel bei Spezialhundegurtsystemen bedeutet nur, dass der Gurt nicht reißt. Er sagt nichts darüber aus, wie sicher und gesund Ihr Hund darin einen Zusammenstoß übersteht. Denn das wurde meines Wissens bis heute nie getestet.

## Spiel und Sport

Der Sennenhund ist keine Sportskanone, hat aber Freizeitqualitäten, die anderen fehlen. Hier die Unternehmungen, auf die Sie mit ihm besser verzichten:

**Ungeeigneter Hundesport**

- **Agility**: Er ist zu groß und schwerfällig für diese Aufgaben. Er kann es zwar lernen, wird aber niemals siegen, wenn er gegen einen wendigen Border Collie, Schäferhund oder Malinois antreten muss.
- **Vierkampf** (früher: Breitensport): Dies ist nur teilweise für den Sennenhund geeignet, etwa wenn es um die Gehorsamsübungen geht. Slalom-, Hürden- und Parcourslauf kann ein ausgewachsener sportlicher Sennenhund zwar auch, doch werden andere Rassen meistens als Sieger hervorgehen.
- **Schutzhundprüfung:** Er wird leicht stur bei hartem Drill, außerdem bewacht er seine Leute auch ohne solche Ausbildung und Prüfung, aber er kann Schutzdienst natürlich lernen, wenn er soll.
- **Flyball:** Für turniermäßiges Training ist der Sennenhund zu schwerfällig.
- **Hunderennen:** Das eignet sich nur für Windhundrassen.
- **Schlittenhunderennen:** Er zieht zwar gern einen Schlitten, aber für Rennen ist er zu langsam. Ein eigentlicher Schlittenhund wie ein Husky ist er nämlich nicht.

**Geeignet ist der Hund für folgende Aktivitäten:**

- **Frisbee:** Als Freizeitspaß können Sie im Garten Frisbees oder Bälle fliegen lassen. Manche Sennenhunde sind sehr geschickte Fänger.
- **Hundesport mit Wettbewerbscharakter:** Wählen Sie nur solche Aktivitäten, die einen Hund mit schwerem Körperbau nicht überfordern. In der Schweiz bieten die Hundesportvereine für diese Hundegruppe „Mobility" an, bei dem es nicht wie beim Agility ausschließlich um Schnelligkeit und Wendigkeit geht, sondern auch um Mutproben wie im täglichen Leben, etwa über ein Wellblech gehen und anderes. Bei manchen Hundesportvereinen gibt es Varianten von dieser Kombination aus Sportlichkeit, Intelligenz und Mutprobe. Manchmal werden sie im Rahmen von Vereinsfesten organisiert. Daran nehmen Hunde und die Halter aller Rassen immer mit größtem Vergnügen teil, und es hindert Sie niemand, einmal ein Spaßturnier oder eine Hunderallye im Rahmen eines Vereins zu organisieren. An diesen Übungen kann ein Sennenhund teilnehmen und auch recht erfolgreich sein. Denn sein Lernwille ist mindestens so groß wie sein Spaß an gemeinsamen Aktivitäten.
- **Such-und-finde-Spiele/Apportieren:** Das können Sie mit ihm im Garten üben. Das Apportieren ist noch die einfachste Übung. Dabei lernt der Hund spielerisch den Befehl „Aus". Sie können auch „Ab" sagen und verlangen, dass der Hund das Stöckchen vor Ihre Füße legt. Wenn Sie „Such" mit ihm üben wollen, dann dürfen Sie

beim Apportieren diesen Befehl nicht verwenden. Dann rufen Sie „Bring“. Das „Such“ gehört dann dazu, dass Sie dem Hund etwas verstecken und er es wirklich suchen muss. Das machen Sennenhunde begeistert mit, vor allem wenn es sich

um eine Leckerei handelt, die sie suchen sollen.

- **Zerrspiele:** Dicke Seile oder auch abgeschnittene Jeansbeine eignen sich bestens, um mit dem Hund zu zerren und ziehen. Das Ende jedes Spiels sollte immer so aussehen, dass Sie als Halter entscheiden, wann Schluss ist. Der Hund gibt den Gegenstand aus, das heißt, er gewinnt nicht, sondern ordnet sich schließlich unter. Dazu muss er Platz machen und wird gelobt.
- **Wagen- und Schlittenziehen:** Es gibt für Huskys und andere Schlittenhunde Geschirre, die auch für den Sennenhund passen. Wenn Sie Spaß daran haben, kann Ihr Sennenhund Schlitten und Bollerwagen ziehen. Ihren Kindern wird dies sicherlich eine große Freude machen. Achten Sie darauf, dass Sie nur auf solchen Wegen fahren, auf denen auch eine Kutsche fahren darf. Waldwege, die für Fahrzeuge gesperrt sind, sollten Sie meiden. Das Oberlandesgericht Köln (Az.: Ss 582/93) entschied nämlich, dass ein Hund vor dem Karren wie eine Pferdekutsche anzusehen sei und somit ein Fahrzeug ist, das nicht überall fahren darf.
- **Radfahren/Joggen/Geländelauf:** Es spricht nichts dagegen, einen gesunden Sennenhund im Alter zwischen zwei und sechs Jahren neben dem Rad herlaufen zu lassen. Vermeiden Sie allzu heiße Tage und die Mittagssonne und machen Sie öfter eine Pause. Beim Joggen haben Sie ungefähr das richtige Tempo, das einem Sennenhund gefällt.

*Dicke verknotete Seile sind ein tolles Spielzeug zum Werfen, Apportieren, Suchen oder Um-die-Wette-Zerren. (Foto: U. Schanz)*

- **Begleithund, Vielseitigkeitsprüfung:** Auf dem Hundeplatz stellen sich Sennenhunde prima an. Sie sind manchmal geradezu begierig danach, etwas zu lernen.
- **Suchhund, Lawinenhund, Rettungshund:** Sie können einem Verein beitreten und dort mit Ihrem Hund an der Ausbildung teilnehmen. Er sollte dazu schon die Begleithundfähigkeiten erworben haben. Jetzt lernt er den Rettungsdienst. Eine solche Ausbildung ist sehr zeitintensiv und kann nicht nur gelegentlich trainiert werden. Sie sollten auch selbst aktiv im Rettungsdienst mitarbeiten und bereit sein, im Katastrophenfall zusammen mit Ihrem Hund zum Einsatzort zu fahren. Lawinen- oder Erdbebenopfer zu suchen, ist nicht jedermanns Sache. Dann wird aus dem bisherigen Lernspaß mit dem Hund eine ernste Sache. Der Lohn ist, dass Sie helfen Leben zu retten. Außerdem können Sie beantragen, von der Hundesteuer befreit zu werden, oder eine Ermäßigung erlangen, je nachdem, welche Steuersatzung an Ihrem Wohnort gültig ist.
- **Skijöring:** Das ist ein richtiger Wintersport, den die Norweger erfunden haben. Dabei zieht der Hund den Menschen auf Skiern hinter sich her. Das erfordert natürlich auch ein gewisses sportliches Geschick vonseiten des Halters.
- **Kleine Aufgaben:** Es bleibt Ihrer Fantasie überlassen, was Sie Ihrem Sennenhund an Aufgaben übertragen können. Rolf Schulz aus Dänemark schickt seinen Gismo zum Brötchenholen: „Unser Gismo, vier Jahre alt, holt jeden Samstag zusammen mit meiner Frau Brötchen beim Bäcker. Er hat seine eigene Tasche mit, die er im Fang trägt. Bei uns im Dorf kennen ihn schon alle. Aber wenn wir auf Campingplätzen sind, ist er die große Attraktion“, sagt er.

*Die Ausbildung zum Begleithund macht einem Sennenhund Spaß (und tut ihm gut). (Foto: G. Abels)*

## Im Sommerurlaub

Berge, Seen, Flüsse, Meer – für alles ist ein Berner Sennenhund zu begeistern, solange er nicht in größter Hitze vor sich hin schwitzen muss. Nehmen Sie ihn mit in den Urlaub, aber bitte nicht in ein südliches Urlaubsland. Die Adria ist nichts für den Berner Sennenhund, der lieber an die Nord- oder Ostsee fährt oder auch an den Atlantik. Und verzichten Sie darauf, eine anstrengende Städtereise mit ihm zu machen. Ein Hund möchte ins Grüne. Dort fühlt er sich wohl. Wie er dahin kommt, ist einem Berner Sennenhund ziemlich egal. Im Auto fährt er genauso gut wie in der Bahn. Sie können ihn in einem Wohnmobil mitnehmen oder auf einer Bootstour auf einem Fluss entlang. Für den Hund ist es wichtig, dabei zu sein und lange Spaziergänge machen zu können.

Vergewissern Sie sich vor der Reise, dass Ihr Hund mit ins Hotel, in die Pension oder auf den Campingplatz darf. Fragen Sie auch, ob er im Restaurant und in den Freizeitanlagen gern gesehen ist, und ganz wichtig: Gibt es Hundebadestellen am See? An manchen Seen gilt absolutes Hundeverbot, wie etwa am Starnberger See in Oberbayern. Dorthin zu reisen wäre für einen Hund eine reine Quälerei.

Manche Sennenhundehalter warnen davor, mit dem Hund große Wanderungen oder Bergtouren zu machen. Das betrifft aber nur entweder Hunde unter ein bis zwei Jahren oder ältere Hunde ab etwa sechs, sieben Jahren sowie solche, die schon kranke Gelenke haben. Und dass ein Sennenhund mit wenig Auslauf auskommt, ist ein Gerücht: „Ich gehe mit meinen Hunden zweimal am Tag spazieren und beschäftige sie dabei mit Suchspielen oder am Seil zerren, oder ich verstecke mich. Wir laufen nicht sehr schnell und auch nicht so sehr weit, aber am Ende sind sie müde und ausgelastet“, sagt die Züchterin Karin Baumgarten aus Waldbreitbach, die sechs Berner Sennenhunde hat.

Die meisten gesunden Tiere im besten Alter zwischen zwei und sechs Jahren sind vermutlich bessere und ausdauernde Wanderer als ihre Halter. Stundenlange Touren machen ihnen etwa so viel aus wie uns Menschen: Sie sind anschließend rechtschaffen kaputt, angenehm müde und am nächsten Tag wieder fit für den nächsten Marsch. Sie können ruhig einige Tage hinter-einander mit einem Berner Sennenhund in den Alpen wandern. Er wird die größte Freude daran haben und keinen Schaden nehmen wie mein eigener Felix, der sechs Tage den Meraner Höhenweg bergauf, bergab lief.

Das war ein echtes Abenteuer, und nie vorher und nie mehr nachher war die Bindung zu diesem Hund so gut wie auf dieser Wanderung, auf der er zeigte, was in ihm steckte: Felix überkletterte Bretterzäune, aber nur, wenn ich nicht hinsah. Er kletterte in einer Berghütte eine mehrere Meter

*An den meisten öffentlichen Badeseen und Stränden dürfen Hunde nicht ins Wasser – auch wenn sie gern möchten. (Foto: U. Schanz)*

*Bei Wanderungen beweist ein Sennenhund oft mehr Kondition und Ausdauer als sein Mensch. (Foto: U. Schanz)*

lange Leiter hinauf, weil dort oben Frauchen auf einem Matratzenlager schlief. Er kam sogar allein wieder hinunter, nur wie, konnte ich nicht sehen. Sobald ich hinsah, guckte er mit dem „Hilf mir“-Blick drein und rührte sich nicht. Er hat jede Sorte Nahrung vertragen vom Rührei mit Bratkartoffeln bis hin zu Spaghetti Bolognese, was man eben auf Hütten kaufen kann. Zugegeben ist das keine optimale Hundeernährung, aber für eine solche Wanderung musste das genügen. Es hat jedenfalls nicht geschadet. Das Einzige, worauf Sie allerdings gut achten müssen, ist, dass der Hund nicht allzu lang in der Sonne gehen muss. Wer ein erfahrener Bergwanderer ist, der weiß ohnehin, dass der Aufstieg am frühen Morgen am schönsten ist, der Mittag auf der Hütte verbracht wird und man am besten am Nachmittag absteigt. Fast auf jeder Bergtour finden sich Bäche, an die man seinen Berner Sennenhund heranführen sollte, damit er trinken und sich die Pfoten kühlen kann. Zu fressen braucht er erst abends, wenn er wieder heimkommt, dann aber eine gute Portion.

## Im Winterurlaub

Skifahren ist für einen Hund keine besondere Freude, denn auf die Piste kann er nicht mit. Mit in den Winterurlaub kann er trotzdem, wenn Sie nur drei bis vier Stunden auf die Piste gehen und Ihr Hund gewohnt ist, im Hotelzimmer auf Sie zu warten. Viele Hundehalter kaufen sich auch ein Wohnmobil, das sie auf einem Parkplatz der großen Skigebiete stehen lassen. Man sieht sie schon in großer Zahl dort stehen und fast bei jedem guckt ein Hund aus dem Fenster. Wohnmobile kann man beheizen, was bei klirrendem Frost auch dann nötig ist, wenn der Sennenhund darin wartet.

Wer Spaß am Langlaufen hat, kann den Sennenhund nebenherrennen lassen. In gespurten Loipen ist es manchmal verboten, einen Hund dabeizuhaben. Aber dies lässt sich beim örtlichen Touristenbüro erfragen. Dem Hund selbst macht das Tempo nichts aus, neben dem Langläufer herzutraben. Sein normaler Schritt ist ohnehin ein leichter Trab, und damit ist ihm das Tempo eines gemäßigten Langläufers gerade recht. Oder Sie entschließen sich zum „Skijöring“, wie weiter oben bereits beschrieben.

*Schnee und Kälte machen ihm nichts aus. Ein langer Spaziergang oder gemeinsam Langlaufen wäre jetzt richtig. (Foto: U. Schanz)*

## Wichtige Tipps für den Urlaub

Ideal sind für Hunde Reisen mit dem Auto oder Wohnmobil. Wie Sie ihn dabei sichern, siehe im Abschnitt „Unterwegs mit Hund". Während der Fahrt ist es wichtig, dass Sie oft genug Pause machen, mit Ihrem Sennenhund eine kleine Runde laufen und den Wagen niemals mit Hund in der Sonne stehen lassen. Und denken Sie auch daran, dass die Sonne wandert und ein Schatten- dadurch zum Sonnenplatz wird. Im Sommer kann sich das Autoinnere auch im Schatten schon in Minuten zu stark aufheizen. Wenn es unbedingt nötig ist, den Hund im Auto zu lassen, öffnen Sie beim Parken zur Sicherheit immer die Fenster einen Spalt. Das wiederum ermuntert Autodiebe. Zumindest solche, die vor Hunden keine Angst haben. Besser ist daher, wenn Sie den Hund gar nicht erst während der Pausen allein im Auto lassen, sondern ihn ins Restaurant mitnehmen. Wenn das nicht geht: Bereiten Sie ein Picknick vor und essen Sie auf einem Rastplatz.

Vor der Fahrt sollten Sie den Hund nicht füttern, sondern erst bei der Ankunft. Unterwegs braucht er reichlich zu trinken. An Autobahnraststätten gibt es fast immer Trinkstellen für Hunde.

Es ist nicht immer einfach, mit einem Hund ins Ausland zu fahren. Das strikte Einreiseverbot etwa nach England oder Finnland gilt zwar nicht mehr. Wollen Sie jedoch mit Ihrem Hund dort Urlaub machen, müssen Sie monatelange Vorbereitungen treffen, um alle behördlichen Auflagen zu erfüllen.

Selbst wer nur innerhalb der Europäischen Union die offenen Grenzen passiert, braucht einen EU-Heimtierpass (Kosten: zwischen 4 und 13 Euro), der dem Hund eindeutig zugeordnet werden kann, in der Regel durch eine Mikrochip-Kennnummer. Neben Angaben zu dem Tier und seinem Besitzer muss der Pass den tierärztlichen Nachweis enthalten, dass der Hund über einen gültigen Impfschutz gegen Tollwut verfügt. Das heißt, dass die letzte Tollwutimpfung mindestens 21 Tage und längstens 12 Monate vor dem Grenzübertritt erfolgen muss. Eine Wiederholungsimpfung ist spätestens 12 Monate nach der letzten Impfung und höchstens 12 Monate vor dem Grenzübertritt fällig.

*Ein Urlaubs-Sitter sollte unbedingt alle „Macken" eines Hundes kennen, damit es keine bösen Überraschungen gibt. (Foto: U. Schanz)*

In manchen Ländern ist sogar ein amtstierärztliches Gesundheitszeugnis vorgeschrieben. Der ADAC kann Ihnen die aktuellen Bestimmungen für die Einreise mit Hund jederzeit mitteilen. Nach Italien müssen Sie außerdem einen Maulkorb mitnehmen und ihn dem Hund anlegen, wenn Sie in öffentlichen Verkehrsmitteln reisen.

**Ins Urlaubsgepäck gehören**

- Heimtierpass
- Futternapf und Wassernapf
- Trockenfutter und eine Flasche Wasser
- Dosen (gegebenenfalls Dosenöffner)
- Löffel
- Medikamente, zum Beispiel gegen Durchfall, Wunden
- Kauknochen
- Spielzeug
- Schlafdecke
- Ausreichend Lumpen zum Sauberwischen der Pfoten
- Plastiktüten, Tücher, Schaufel zum Wegputzen von Häufchen
- Reinigungsmittel, Desinfektionsmittel
- Halsband mit Adresse
- Leine
- Eventuell Maulkorb (z.B. für Italien, Österreich)
- Kamm, Bürste
- Flohschutz, Zeckenmittel, Zeckenzange

## Wenn der Hund zu Hause bleibt

Wenn Sie keinen Nachbarn oder Verwandten haben, der Ihren Sennenhund betreuen will, ist es relativ schwer, einen Sitter für einen Großhund zu finden. Versuchen Sie es über ein Suchinserat im lokalen Anzeigenblatt oder die Sitter-Hotlines vom Deutschen Tierschutzbund oder der Zeitschrift „Ein Herz für Tiere“. Wenn Sie sich für eine Hundepension entscheiden, lassen Sie sich am besten von anderen Hundehaltern eine solche Einrichtung empfehlen.
Geben Sie dem Sitter oder der Pension einen „Notfallpass“ Ihres Hundes.

**Folgende Angaben im Notfallpass sind wichtig**

- Name des Hundes
- Alter
- Rasse
- Geschlecht. Ist er kastriert? Wann wird sie läufig?
- Tätowierungsnummer, Mikrochip
- Gewohntes Futter und übliche Fütterzeit
- Nötige Medikamente
- Besonderheiten im Verhalten (beim Gassigehen, zu Hause, schlechte Angewohnheiten, Hundefeinde der Nachbarschaft, kinderfreundlich und anderes mehr)
- Adresse zu Hause
- Adresse der Halter im Urlaubsort mit Telefonnummer
- Adresse des zuständigen Tierarztes
- Adresse einer Ersatzbetreuung im Notfall
- Termin der Abholung

# So bleibt Ihr Hund gesund

Die Gesundheit Ihres Berner Sennenhundes müssen Sie von Anfang an gut im Auge behalten. Da große Hunde relativ häufig Probleme mit den Gelenken haben, verschonen Sie Ihren Welpen vor allzu großer Belastung. Floh- und Zeckenschutz sowie die Wurmkur und die regelmäßigen Impftermine beim Tierarzt sollten Sie nie vergessen.

*Flöhe benutzen einen Hund nur als „Taxi", um ins Haus zu kommen. Sie von dort zu vertreiben kann ein Problem werden. (Foto: U. Schanz)*

**Die Gesundheit Ihres Sennenhundes hat sechs Stützpfeiler:**

- **Richtige Ernährung**
- **Impfungen**
- **Parasitenschutz**
- **Bewegung**
- **Körperpflege**
- **Liebevolle Zuwendung**

Wenn Sie die ersten fünf mit Liebe tun, dann haben Sie Punkt sechs automatisch erfüllt. Mehr braucht ein Hund nicht, aber auch nicht weniger.

## Das richtige Futter

In den vergangenen rund 20 Jahren wurde die Ernährung der Hunde wissenschaftlich intensiv untersucht und eine Vielfalt an „noch besserem“ Futter auf den Markt gebracht. So gibt es heute für jeden Zweck Spezialfutter: für Welpen, für Hundesenioren, für sehr aktive Hunde und für solche mit wenig Bewegung, für Hunde mit Allergien oder Stoffwechselproblemen. Diese Vielfalt an Futtersorten kann verwirren und auch verunsichern. Dass oder ob Ihr Hund richtig ernährt ist, erkennen Sie jedoch relativ einfach an folgenden Merkmalen: Er ist rundum gesund, er hat festen Stuhlgang, ein glänzendes volles Fell, er ist für sein Alter lebhaft und er ist liebebedürftig. Wenn Sie diese Punkte alle bejahen

*Höher gestellte Näpfe sind ein Risiko: Sie begünstigen die gefährliche Magendrehung. (Foto: G. Abels)*

können, machen Sie in der Ernährung nichts verkehrt.

Einen Sennenhund satt zu bekommen muss nicht unbedingt teuer sein. Denn diese Rasse ist (mit Ausnahmen) nicht heikel, sondern nimmt, was ihr vor die Schnauze kommt, bis hin zu sehr verfressenen Exemplaren. Diese Vielfraße haben den ewigen Hungerblick und sind meistens zu dick, weil jeder sie füttert, und sei es heimlich hinter dem Rücken des Halters.

Hunde mögen, wie wir Menschen auch, eine gewisse Abwechslung beim Fressen. Es ist aber kein unbedingtes Muss, ihnen verschiedene Sorten anzubieten. Die meisten Hundehalter entscheiden sich für eine Hauptsorte, die der Sennenhund mag, und für gelegentliche Leckereien zur Abwechslung.

Für Welpen bietet der Fachhandel spezielles Feuchtfutter in Dosen, Schalen oder Beuteln an. Es enthält alles, was ein Hund für das Wachstum und eine gesunde Entwicklung des Bewegungsapparates und des Gehirns braucht. Kalzium ist zwar wichtig, ein Zuviel schadet jedoch. Sehen Sie daher auf der Zutatenliste des Welpenfutters nach: Der Kalziumgehalt sollte etwa bei 1,1 Gramm pro Kilogramm Futter und das Verhältnis Kalzium zu Phosphor gleich sein. Einem gesunden Tier noch Vitamin- oder Mineralzusatzpräparate zu füttern ist nicht sinnvoll.
Etwa ab dem siebten Lebensmonat wird das Welpenfutter durch normale Hundekost ersetzt. Wie viel Sie füttern sollen, steht auf der Packung. Das Hauptfutter für einen erwachsenen Sennenhund weiterhin aus Dosen zu bestreiten wird relativ teuer. Trockenfutter ist vergleichbar nährstoffreich und kostengünstiger, enthält jedoch zuweilen Zusatzstoffe, die nicht jeder Hund verträgt. Gute Qualität hat auch hier ihren Preis. Ein Wassernapf muss immer dabeistehen. Ferner kann man auch Mischfutter kaufen, das aus Haferflocken, getrocknetem Gemüse und Trockenfleisch besteht, vor dem Füttern in Wasser eingerührt wird und quellen muss.

Da Berner Sennenhunde relativ viele Kohlenhydrate brauchen, fühlt sich ein Berner ganz wohl mit dieser Fütterung. Sie können auch selbst kochen und eine Mahlzeit aus Fleisch mit Vitaminflocken, Brot, Reis, Nudeln, Quark und so weiter anrühren, jedoch nur, wenn Sie dazu fachkundigen Rat vom Tierarzt einholen. Sonst droht Ihrem Hund eine Über- oder Unterversorgung von verschiedenen Nährstoffen. Manche Hunde reagieren auf zu viel Fleisch sogar mit Durchfall.

Der neueste Trend ist BARF (Biologisch Artgerechtes Rohes Futter), eine naturgemäße Nahrung, wie sie Caniden in der Wildnis vorfinden (würden). Das Fleisch wird dabei nicht gekocht – ein Risiko, das man nicht übersehen darf. Die Herkunft des Fleisches muss hier besonders sorgfältig gewählt werden. Informationen dazu unter www.barfers.de/barf.

Rohes Schweinefleisch ist auf jeden Fall für Hunde lebensgefährlich, denn es kann mit Aujeszky-Viren befallen sein. Auch beim Kaufen von Rinderhack sollten Sie aufpassen, dass es keine Berühung mit Schweinefleisch hatte. Rindfleisch scheint risikofrei zu sein: Der BSE-Erreger ist nicht übertragbar auf Hunde durch

Fütterung von Rindfleisch, ergab eine Studie des Pathologischen Instituts der Tierärztlichen Hochschule Hannover.

Reste Ihrer eigenen Mahlzeit (Kartoffeln, Reis, Nudeln, gebratenes oder gekochtes Fleisch, Gemüsereste, Brot, Quark, Ei), die wenig bis normal stark gesalzen sind, können Sie dem Hund geben, solange Ihr Hund gesund ist und er weder Durchfall noch Hautekzeme oder Übergewicht davon bekommt. Der Hund freut sich über die geschmackliche Abwechslung. Verzichten Sie darauf, ihn mit Süßigkeiten zu füttern, und vermeiden Sie fette, scharfe oder stark gewürzte Soßen.

Wenn Sie an der Fleischtheke stehen, entscheiden Sie sich als Hundeleckerei nur für Rindfleisch, das nicht direkt neben dem Schweinefleisch liegt. Nur solches können Sie dem Hund roh füttern. Auch Rinderknochen oder Pansen sind eine willkommene Abwechslung.

Einen erwachsenen Sennenhund kann man zwei- oder dreimal täglich füttern. Die meisten Halter übernehmen vom Züchter ein Fütterschema, das der Welpe gewohnt ist. Es ist auch ratsam, zunächst das vom Züchter verwendete Futter weiterzugeben und den Hund erst, nachdem er ein halbes Jahr alt ist, allmählich auf ein anderes umzustellen, sofern man das überhaupt möchte. Ziehen Sie ein wenig von der normalen Futtermenge ab, wenn Sie noch Leckereien geben. Vermeiden Sie auf jeden Fall, dass der Hund zu viel frisst. Übergewicht macht träge und belastet die Gelenke der Sennenhunde zu stark.

## Die Impfungen

Sie bekommen Ihren Welpen in der Regel bereits mit einer Grundimmunisierung. Am Impfpass, den Ihnen der Züchter aushändigt, können Sie erkennen, gegen welche Infektionen der Hund geimpft ist, und meistens findet sich dort auch ein Vermerk des Tierarztes, wann die nächste Impfung notwendig ist.

Bis zur siebten Lebenswoche wird ein Hund gegen Parvovirose geimpft. In der achten Lebenswoche dann gegen Staupe, Hepatitis und Leptospirose (SHL) und eventuell auch gegen Zwingerhusten. Sowie einen Schutz gegen Zecken-Borreliose, Babesiose und Herzwürmer. Diese Impfungen können bereits vorgenommen worden sein, wenn Sie den Welpen ab der neunten Woche übernehmen. Nun sind Sie für die weiteren Impfungen, Nachimpfungen und Auffrischungen verantwortlich:

**12. Lebenswoche**
Staupe, Hepatitis, Leptospirose, Zwingerhusten

**14. Lebenswoche**
Parvovirose, Tollwut

**1 Jahr**
erste Auffrischung gegen Staupe, Hepatits, Leptospirose, Parvovirose, Tollwut

**dann jährlich**
Leptospirose, Parvovirose und Tollwut

**zweijährlich**
Staupe und Hepatits

Sie sollten unbedingt darauf achten, dass Sie die Impftermine nicht versäumen. Wichtig ist die Tollwutimpfung. Nur mit ihr kann ein Hund ins Ausland mitgenommen werden. Außerdem kann ein Amtsveterinär die Tötung oder monatelange Quarantäne aller ungeimpften Hunde anordnen, wenn Tollwut in Ihrem Wohngebiet auftritt.

Eine Impfung gegen Borreliose ist beim Hund möglich, jedoch nicht in jedem Fall unproblematisch. Sie sollte daher, wenn überhaupt, nur nach vorher durchgeführtem Bluttest erfolgen. Besser ist es, Zeckenbisse so gut es geht zu vermeiden. Denn sie übertragen in südlichen Regionen noch eine weitere Krankheit, die Babesiose, die zuweilen tödlich verläuft. Man kann sie jedoch heilen, wenn sie rechtzeitig erkannt wird. Anzeichen sind hohes Fieber (über 40 Grad Celsius), Apathie, Blutarmut und starker Durst.

## Schutz gegen Würmer und andere Parasiten

Welpen haben immer Würmer und müssen unbedingt entwurmt werden. Ein sorgfältiger Tierarzt wird Sie von sich aus ansprechen, wenn Sie zum Impfen kommen. Die Entwurmung wird mit Tabletten oder Pasten durchgeführt. Später sollten Sie alle drei bis sechs Monate den Kot auf Würmer untersuchen lassen. Finden sich jedes Mal wieder Würmer darin, ist eine regelmäßige Routineentwurmung alle drei Monate sinnvoll. Die häufigsten Würmer sind Band- und Spulwürmer. Der Tierarzt wird ohne Kotuntersuchung ein Präparat wählen, das ein breites Spektrum von Würmern tötet. Ein Medikament, das nur bestimmte Würmer abtötet, ist dann sinnvoll, wenn der Befall durch eine Kotprobe festgestellt wurde.

*Noch beim Züchter erhalten Welpen ihre ersten Impfungen. Zum sicheren Schutz müssen alle Impftermine unbedingt eingehalten werden. (Foto: INFO-Hund/Krämer)*

*Ein Stück Ast, auf dem man rumkauen kann, ist zwischendurch immer willkommen. (Foto: U. Schanz)*

Flöhe, übertragen von anderen Hunden, Katzen oder Igeln, gehören zum Schlimmsten, das Ihnen Ihr Hund ins Haus bringen kann, weil die Plagegeister den Hund nur als Transportmittel benutzen, um ins Haus zu kommen, und sich darin sofort festsetzen. Reagieren Sie sofort auf den ersten Floh mit einer wirksamen Bekämpfung. Putzen und saugen Sie die Wohnung, gehen Sie gründlich in alle Boden- und Polsterritzen, stecken Sie alle Kissen und Decken, die der Hund benutzt, sofort in die Waschmaschine, reinigen Sie ganz besonders gut die Schlafstellen des Hundes und vergessen Sie nicht, auch das Auto zu entflohen. Wichtig ist, dass Sie den Staubsaugerbeutel mit Antiflohmittel präparieren, sonst haben Sie die Flöhe im Staubsauger und der bläst sie Ihnen durch die ganze Wohnung.

Der Tierarzt wird Ihnen ein Präparat gegen Flöhe geben, wobei es für die Wohnung Mittel zum Einpudern, Einsprühen oder zum Waschen gibt. Die Polster müssen Sie zusätzlich einsprühen. Anschließend versorgen Sie Ihren Hund mit einem Langzeitflohmittel, wozu verschiedene Präparate verwendet werden können: das klassische Flohhalsband, ein Spot-on-Mittel, das in den Nacken gerieben wird, ein anderes, das ins Fell gesprüht wird, oder ein Präparat, das ins Futter gemischt wird. Wenn Sie Kinder haben, die mit dem Tier viel schmusen, sollten Sie kein Flohhalsband nehmen, denn sein Wirkstoff verteilt sich immer außen am Fell. Besser sind dann die anderen Möglichkeiten zur Flohbekämpfung.

Reagieren Sie auf Flöhe nicht sofort und umfassend, kann es sein, dass Sie die Plagegeister nicht wieder loswerden. Legen die Flöhe Eier und vermehren sich erst einmal in Ihren Polsterritzen, dann kann es innerhalb von ein paar Wochen bei Ihnen nur so wimmeln von den Hüpftieren. Besser ist, Sie sprühen einmal die Chemie, lüften gut und sind frei von Flöhen. Jäger schwören im Übrigen auf eine biologische Flohprophylaxe: Sie sammeln im Herbst braun gewordenen Farn und legen damit die Hundehütte aus. Hunde, die gegen Flöhe präpariert sind, bekommen meistens auch weniger Zecken als andere. Beim Sennenhund sind Zecken wirklich lästig, da man sie kaum im dicken Fell findet, schon gar nicht, wenn sie noch klein sind. Wenn Sie in einer Gegend wohnen, wo die Zecken Gehirnhautentzündung (FSME) übertragen, sollten Sie sich selbst dagegen impfen lassen.

Nach einem Spaziergang können Sie sich angewöhnen, den Hund mit einem feinen Kamm überzukämmen, um die Tiere abzufangen. Solche, die sich schon festgesetzt haben, zieht man ganz einfach mit einer Zeckenzange heraus.

Zur Zeckenabwehr gibt es Spot-on-Mittel, Shampoos, Sprühmittel und Puder, manche davon biologisch. Manche wirken vier Wochen lang, andere nur gegen einen akuten Befall. Der Tierarzt wird Ihnen ein gutes Mittel geben können. Sie können dem Hund auch regelmäßig Knoblauch ins Futter mischen. Dann meiden die Zecken dieses Tier. Ähnlich wirkt es, wenn Sie das Fell mit Lavendel-, Rosmarin- oder Zederndufт präparieren. Geben Sie einen Tropfen von

*Ein Tümpel ist für einen Sennenhund durchaus einladend, ein Schaumbad so gut wie nie. (Foto: U. Schanz)*

einem dieser ätherischen Öle auf ein Liter Wasser in eine Blumenspritze und besprühen Sie damit den Hund direkt vor dem Spaziergang.

## Körperpflege

Baden ist bei einem großen ausgewachsenen Berner Sennenhund eine Aktion, die Sie so schnell nicht wieder vergessen – und auch nicht wiederholen wollen. Er wird sich mit allen vier Pfoten sträuben, in die Bade- oder Duschwanne gehievt zu werden, dann wird er alles dransetzen zu entkommen, er schüttelt sich dauernd das nasse Fell, das Shampoo zu verteilen ist eine Kunst, und nachher sind Sie selbst nass, schmutzig, riechen nach Hund und Ihr Bad benötigt eine Grundreinigung. Der Hund ist ein Haufen nasses Elend und beleidigt.

Solche Badeprozeduren sollten Sie wirklich nur für den Notfall planen, wenn sich Ihr Hund zum Beispiel gründlich in Kot oder Aas gewälzt hat. Wenn Sie mit Ihrem Hund auf eine Ausstellung gehen wollen, dann gewöhnen Sie ihn lieber schon als Welpen ans Baden, sonst wird's später kein Honiglecken.

Im Normalfall braucht das Fell des Berner Sennenhundes keine Extrareinigung. Es glänzt von selbst und es ist durch das Hautfett Wasser abweisend. Durch häufiges Baden wird das Fell eher stumpf. Wenn ein Bad doch nötig ist, sollten Sie Ihren Sennenhund mit einem rückfettenden Spezialshampoo waschen, das Nerzöl enthält. Wenn Ihr Sennenhund stark und unangenehm riecht, probieren Sie einen Futterwechsel. Das beseitigt manchmal den unangenehmen Geruch.

Das Kämmen kann man als lästige Prozedur oder als besondere Form der Zuneigung betrachten. Wählen Sie letztere Sichtweise und freuen Sie sich auf die Schmusestunde mit Kamm, Bürste und Hund. Richten Sie sich eine bestimmte Tageszeit dafür ein, etwa abends vor dem Fernseher oder nach dem Spaziergang. Ihr Hund wird das Kämmen genießen, sofern Sie wenigstens einmal, besser zwei- bis dreimal wöchentlich oder während des Fellwechsels täglich die losen Haare auskämmen. Wird der Pelz durch das unausgekämmte Haar dicht, dick und verknotet, dann müssen Sie zu viel herumzerren, als dass der Hund noch Gefallen daran finden könnte. Achten Sie auf die Stellen hinter den Ohren, unterhalb der Läufe und unter dem Halsband. Hier bilden sich immer leicht Knoten, die man dann unter Umständen besser herausschneidet. Besorgen Sie sich einen grobzackigen Kamm und eine Drahtbürste.

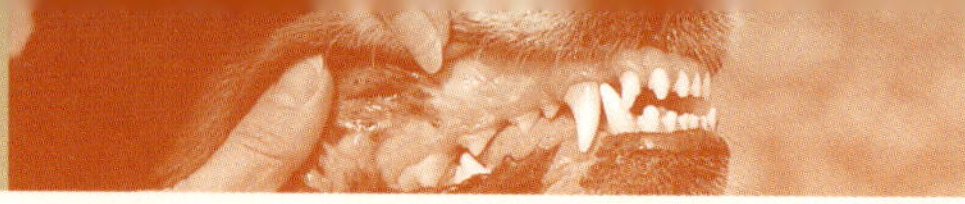

Gehen Sie erst mit dem Kamm durch, dann mit der Drahtbürste.

Zähneputzen wird Ihnen vielleicht der Tierarzt nach einem Blick auf das Hundegebiss empfehlen. Bilden sich auf den Zähnen Beläge, müssen Sie etwas dagegen tun, denn auch Hunde bekommen Karies und faule Zähne, die dann herausoperiert werden müssen. Wenn Ihr Hund gelegentlich einen Knochen zum Benagen bekommt, werden seine Zähne genug benutzt. Füttern Sie ausschließlich Weichfutter, dann sollten Sie zur Zahnbürste greifen. Manche finden die Vorstellung nur albern, einem Hund die Zähne zu putzen, andere tun es und haben einen Hund mit gesunden Zähnen.

Die Ohren reinigen sich in der Regel selbst. Manchmal aber bildet sich darin Grind, der sich entzündet. Entfernen Sie diesen mit einem weichen ölgetränkten Tuch. Wenn der Hund sich stark an den Ohren kratzt, hat er möglicherweise auch Milben in den Ohren. Gehen Sie dann sofort zum Tierarzt mit ihm.

Wenn Ihr Hund hinkt, hat er sich möglicherweise an den Pfoten verletzt, was behandelt werden muss, oder er hat zu lange Krallen. Die wachsen ständig, wie menschliche Fingernägel. Ein Hund, der viel laufen darf, nutzt die Krallen gut genug ab, sodass sie beim Laufen keine Probleme machen. Sind sie zu lang, lassen Sie sich vom Tierarzt zeigen, mit welcher Zange und wie die Krallen zu kürzen sind. Dann können Sie es selbst machen.

Im Winter müssen Sie die Pfoten nach jedem Spaziergang mit warmem Wasser abwaschen, wenn Ihr Hund über gesalzene Wege laufen musste. Das Salz kann sehr brennen und macht außerdem die Pfoten rissig. Und dann brennt es noch mehr. Manche Hundefreunde fetten die Pfoten im Winter vor dem Spaziergang mit Vaseline oder Melkfett ein.

## Krankheiten, auf die Sie achten sollten

Wird Ihr Hund krank, sollten Sie sofort zum Tierarzt gehen. Denn manches wird durch Hinauszögern nur noch schlimmer. An dieser Stelle finden Sie ein paar Hinweise auf Krankheiten, die beim Berner Sennenhund vorkommen können, insbesondere auch solche, die erblich bedingt sind.

### Hüftgelenkdysplasie (HD) und Ellenbogendysplasie (ED)

Unter HD und ED versteht man krankhafte und für den Hund schmerzhafte Verformungen der Gelenke, die vor allem bei großen Rassen auftreten. Drei Umstände fördern HD und ED: erbliche Vorbelastung; Überbeanspruchung der Gelenke während des Wachstums; kalzium- und eiweißreiche Ernährung im Welpenalter.

Um die erbliche Belastung möglichst gering zu halten, schließen die Zuchtverbände von HD und ED betroffene Tiere von der Zucht aus. Die weitere Vorbeugung liegt in der Hand des Halters: Schonen Sie den Welpen und nehmen Sie ihn auf keine langen Märsche mit, solange er nicht ausgewachsen ist. Treppen steigen kann in den ersten sechs bis zehn Monaten die Gelenke unreparabel schädigen.

Die Ernährung sollte zwar energie- und mineralreich sein, aber nicht zu sehr, wie schon im Abschnitt „Futter“ beschrieben. Der Hund soll langsam heranwachsen, damit seine Gelenke Zeit haben, kräftig und gesund zu werden. Bewegen Sie ihn täglich, doch nicht zu viel. Für einen ausgewachsenen Hund sind dann täglich zwei Stunden Laufen das richtige Maß. Überfüttern Sie den Hund nicht, denn Übergewicht gibt vorgeschädigten Gelenken sozusagen den Rest.

Einem ED-kranken Berner kann man zum Beispiel durch eine Goldpunktion rechtzeitig behilflich sein, noch bevor eine Arthrose auftritt. Je früher das gemacht wird, desto länger kann der Berner beschwerdefrei laufen. Ansonsten behandelt der Tierarzt mit schmerz- und entzündungshemmenden Mitteln und empfiehlt eine Physiotherapie, Massagen oder auch alternative Methoden wie Touch oder Akupunktur, je nachdem, wie aufgeschlossen er diesen gegenübersteht. Auch eine Operation ist möglich, etwa um abgebrochene Knochensplitter zu entfernen oder um ein künstliches Gelenk einzusetzen.

*Seriöse Züchter schließen Elterntiere mit HD und ED von der Zucht aus. Ob ein Welpe trotzdem die Veranlagung dazu hat, lässt sich erst mit einem Jahr feststellen. (Foto: U. Schanz)*

### Kreuzbandriss

Er kann die Ursache sein, wenn der Hund beim Spaziergang ganz plötzlich zu hinken beginnt. Durch eine ungeschickte Bewegung können die überkreuzten Sehnen im Kniegelenk reißen. Das Tier muss in diesem Fall sofort operiert werden. Beobachtungen zeigten, dass zwei Altersgruppen stärker als andere zum Kreuzbandriss neigen: ganz alte Hunde und solche um drei Jahre. Diese jüngeren Hunde haben möglicherweise eine erblich bedingte Gewebeschwäche.

### Magendrehung

Eine lebensbedrohliche Magendrehung kann passieren, wenn der Hund mit vollem Bauch herumtobt. Dabei werden Magenein- und ausgang versperrt, der Hund hat starke Schmerzen, würgt, steht mit gekrümmtem Rücken und hechelt. Er muss ganz schnell zum Tierartzt gebracht werden, denn nur eine Blitzoperation, bei der der Magen

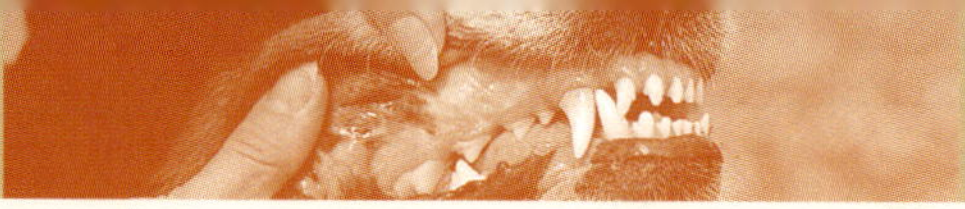

wieder zurückgedreht wird, kann den Hund retten. Deshalb sollten Hunde erst nach dem Spazierengehen gefüttert werden. Weitere Risikofaktoren für eine Magendrehung sind: Der Hund ist älter als drei Jahre; es gab einen Vorfall dieser Art in der engeren Verwandtschaft; der Hund ist nervös und schlingt sein Futter. Trifft eines davon zu, gilt es darauf zu achten, mehrere kleinere Portionen statt zwei große zu füttern. Und stellen Sie das Futter immer auf den Boden. Hochgestellte Futternäpfe begünstigen eine Magendrehung.

### Maligne Histiozytose

Diese Krebserkrankung kommt beim Berner Sennenhund häufig vor und führt in der Regel in wenigen Wochen zum Tod. Sie galt lange als nicht behandelbar, es gibt jedoch inzwischen erste Therapieansätze. Achten Sie auf Anzeichen von Müdigkeit, mangelnden Appetit, Hinken, manchmal auch Fieber. Die Veranlagung dazu ist erblich und daher wird diese Krankheit inzwischen in größeren Projekten an der Universität Gießen und der Tierärztlichen Hochschule Hannover erforscht.

### Aggressivität

Der Berner Sennenhund ist normalerweise ein sehr gelassener Hund mit hoher Reizschwelle, das heißt, er gerät erst durch starke Provokation aus der Ruhe. Übersteigerte, also krankhafte Aggressivität richtet sich zunächst gegen den Halter und seine Familie. Die Ursache dafür ist noch nicht eindeutig geklärt, man weiß allerdings, dass eine erbliche Belastung vorliegt. Daher hat man Hunde mit dieser Veranlagung konsequent von der Zucht ausgeschlossen. Tiere, die betroffen sind, bekommen im Alter von ein bis zwei Jahren mit Abschluss der Geschlechtsreife den ersten aggressiven Schub. Wenn Ihr Hund als Welpe und Junghund scheu und kontaktarm ist und Begegnungen mit Fremden meidet, sollten Sie auch auf Anzeichen von Aggressivität gegen die Familie besonders gut achten.

### Verdauungsprobleme

Sie sind in der Regel mit einer Futterumstellung zu beheben. Bei akutem Durchfall gibt man am besten einen Tag lang kein Futter und lässt den Hund nur trinken. Dann ist es besser, das gewohnte Futter einige Tage zur Hälfte durch weich gekochten Reis oder Kartoffeln zu ersetzen. Chronischer Durchfall geht möglicherweise auf eine Überempfindlichkeit gegen bestimmte Stoffe im Futter zurück. Dann können eine andere Futtersorte und eine Darmsanierung das Problem lösen.

*Wer seinem Hund nicht die Zähne putzt, sollte sie regelmäßig auf gelbe Zahnsteinbeläge kontrollieren. (Foto: U. Schanz)*

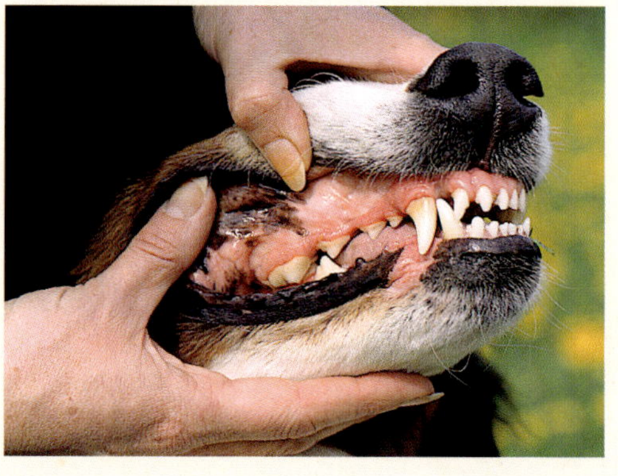

# Ein Hund kommt ins Haus

Die beste Garantie für einen guten Start als Sennenhundbesitzer ist ein guter Züchter. Das heißt, wenn ein Züchter Sie so auf Herz und Nieren geprüft hat, dass er beschließt, Ihnen ein Jungtier anzuvertrauen, dann wissen Sie auch schon vor dem Einzug Ihres Hundes, worauf es bei ihm ankommt und bereiten alles perfekt für ihn vor.

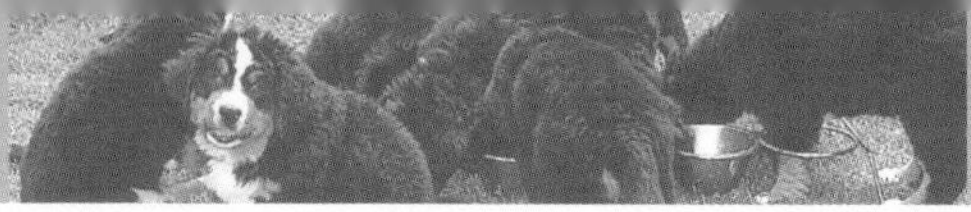

Wer sich nach einem Welpen umschaut, denkt nicht im Traum daran, dass er mit einem Hund nach Hause kommt, der nach ein paar Wochen immens hohe Tierarztkosten verursacht oder im schlimmsten Fall schließlich eingeschläfert werden muss. Solche Fälle passieren jedoch immer wieder und gar nicht so selten. Dass sich die Käufer dann so selten wehren können, liegt daran, dass sie sich von Betrügern übers Ohr hauen ließen, die genau wissen, wie sie vorgehen müssen. Hier einige Tipps, wie Sie weitgehend ausschließen können, dass Ihnen etwas Derartiges passiert.

*Kaufen Sie nie einen Welpen, wenn der angebliche Züchter nur per Handy zu erreichen ist und den Hund auf der Straße übergeben will. (Foto: INFO-Hund/Krämer)*

**Hier ein paar Grundsätze**

- Kaufen Sie keinen Hund aus Mitleid: Denn genau mit dieser Masche werden kranke Tiere ganz trickreich an den Kunden gebracht. Und Sie unterstützen damit unseriöse Tierhändler. Informieren Sie lieber den Tierschutz, wenn Ihnen ein offenbar krankes Tier angeboten wird.
- Kaufen Sie keinen Hund an der Haustür: Sogar Rassehunde werden von „fliegenden Händlern“ an der Haustür angeboten. Lassen Sie sich nicht von „süßen“ Welpen betören. Sie können in Wirklichkeit krank sein und nur mit Spritzen für die Verkaufstour gedopt sein.
- Kaufen Sie keinen Hund auf einem Tier- oder Bauernmarkt. Wer dort verkauft, hat sehr oft kranke Tiere.
- Lassen Sie sich nicht von Papieren täuschen. Mithilfe eines normalen PCs kann heute jeder eine gefälschte Ahnentafel herstellen, die nach was aussieht, ohne dass auch nur irgendeine Angabe darin stimmen würde.
- Suchen Sie sich stattdessen einen seriösen Züchter.

## Einen guten Züchter finden

Es gibt viele gute Züchter überall in Europa, denn der Sennenhund ist eine beliebte Hunderasse. Seriöse Züchter finden Sie bei verschiedenen Vereinen, nicht nur bei dem, der dem Verein für das Deutsche Hundewesen (VDH) angeschlossen ist. Der beste Schutz gegen einen Reinfall ist Ihre persönliche Aufmerksamkeit. Sehen Sie sich den Züchter genau an und achten Sie auf folgende positive Zeichen:

- Die Welpen werden im Haus des Züchters großgezogen: In einer Scheune oder einem düsteren Kellerloch sollten die Welpen nicht untergebracht sein. Lassen Sie sich die Welpen-„Höhle" zeigen, die möglichst in einem separaten Zimmer im Haus ist. Im Wohnzimmer sollten Sie die Hunde auch nicht allein besichtigen, denn das deutet darauf hin, dass sie nur vorübergehend hier einem Käufer präsentiert werden. Der wahre Aufzuchtplatz ist mit Sicherheit woanders!
- Die Hundemutter ist freundlich, gut gepflegt und sieht gesund aus: Züchter, die die Hundemutter verstecken, haben auch anderes zu verstecken. Wenn die erwachsenen Tiere Besucher böse anknurren, dann sollten Sie misstrauisch werden, denn eine wesensfeste Sennenhündin aus einer guten Zucht knurrt keine Fremden an. Sie bleibt zwar zurückhaltend, aber sie wird nicht gleich böse, wenn man sich ihren Welpen nähert. Auf der anderen Seite: Knurrt die Hündin eines guten Züchters einen potenziellen Käufer an, sagt das dem Züchter, dass er diesem Interessenten besser kein Tier verkauft.
- Der Züchter hat neben den Berner Sennenhunden keine andere Rasse, allenfalls eine direkt verwandte Rasse wie den Großen Schweizer Sennenhund. Wer mehrere verschiedene Rassen züchtet, kann sich um die einzelne nicht mehr so kümmern, wie es angemessen wäre.
- Ein seriöser Züchter gibt den Hund in der Regel nicht sofort beim Erstkontakt mit einem Interessenten ab, sondern lässt den Interessenten wiederkommen. Das schützt vor einem voreiligen Kauf. Das gibt Ihnen Zeit, sich näher zu erkundigen. Lassen Sie sich den Zuchtverein nennen, und wenn Ihnen irgendetwas verdächtig vorkommt, dann rufen Sie dort an und fragen nach.
- Ein seriöser Züchter fragt Sie aus: nach den Wohnverhältnissen, nach Ihrer verfügbaren Zeit, danach, wer sich um den Hund hauptsächlich kümmern wird, ob Sie ihn erziehen wollen, ob Sie schon Hundeerfahrung haben, wo und wie der Hund leben wird, und vieles mehr. Er wird Sie vielleicht sogar besuchen oder den Hund zu Ihnen bringen wollen.
- Der Züchter gibt Ihnen einen Kaufvertrag, Informationen zur Rasse, zum Hund, die Ahnentafel, den Impfpass sowie Futter und Leckereien für den Übergang ins neue Zuhause. Außerdem wird er sich anbieten, Sie bei Schwierigkeiten zu beraten.

*Bei einem seriösen Züchter sehen Sie den ganzen Wurf und die Mutter – und müssen wahrscheinlich wiederkommen, ehe Sie einen Welpen bekommen. (Foto: U. Schanz)*

Sie wollen einen kerngesunden Hund haben, und ein seriöser Züchter will Ihnen auch nichts anderes verkaufen. Doch von versteckten Krankheiten kann selbst der Züchter unter Umständen nicht wissen. Grundsätzlich muss ein Züchter haften, wenn er ein krankes Tier verkauft. Wenn innerhalb von sechs Monaten nach dem Kauf bei dem Welpen eine Krankheit sichtbar wird, die nachweislich (!) schon bei der Übergabe des Welpen bestanden hat, dann muss der Züchter den Hund entweder zurücknehmen oder den Kaufpreis mindern, also einen Teil des Geldes zurückzahlen. Das scheuen manche Züchter natürlich, und viele schließen deshalb diese Haftung im Kaufvertrag aus. Das ist zwar zulässig, doch sollten Sie sich nicht darauf einlassen. Denn wenn man einem seriösen Züchter tatsächlich nachweisen kann, dass das Tier bei Übergabe krank war, dann ist es Ehrensache für ihn, dafür geradezustehen. Ein Haftungsausschluss sollte Sie misstrauisch werden lassen. Haben Sie sich darauf eingelassen, dann bekommen Sie nur dann Schadensersatz, wenn Sie nachweisen können, dass der Züchter oder Händler Sie arglistig getäuscht hat. Das kommt bei Hundehändlern durchaus vor, doch die geprellten Käufer kennen meistens noch nicht einmal den Namen eines solchen Händlers.

## Ein Sennenhund aus zweiter Hand?

Es gibt zum Glück erstaunlich wenige Hundehalter, die einen Berner Sennenhund wieder hergeben, und extrem selten landet einer dieser Hunde im Tierheim. Das spricht sehr für diese anhängliche und liebevolle Rasse. Ein Sennenhund verträgt einen Halterwechsel nur sehr schlecht, aber natürlich geht auch das. Wenn Sie in die Versuchung kommen, einen schon erwachsenen Hund zu übernehmen, greifen Sie zu, wenn der Grund ein Umzug, eine Scheidung oder Ähnliches ist. Wenn Sie wissen, dass der Grund für die Abgabe plötzlich aufgetretene Aggressivität ist, lassen Sie die Finger von diesem Hund, wenn Sie bisher noch keine Hundeerfahrung haben. Mit viel Liebe und Zuwendung wird sich Ihr Secondhand-Senner auch Ihnen eng anschließen, wenn er erst einmal Vertrauen gefasst hat.

## Rüde oder Hündin?

Bei den Sennenhunden gibt es ziemliche Größenunterschiede zwischen einem Rüden und einer Hündin, welche meistens deutlich kleiner und zierlicher ist. Rüden brauchen mehr Platz, eine größere Hütte und eine stärkere Hand beim Spazierengehen und bei der Erziehung. Sonst macht es kaum einen Unterschied, für welches Geschlecht Sie sich entscheiden. Hündinnen müssen Sie während der Läufigkeit vor aufdringlichen Rüden schützen. Die Rüden neigen wie die

*Bei wenigen Hunderassen fällt der Größenunterschied zwischen Rüde und Hündin so deutlich aus. (Foto: U. Schanz)*

aller Rassen dazu, während der Hitze eines Weibchens auszureißen und auf Abenteuertour zu gehen.

Wenn Sie beim Züchter sind, kann Ihr Wunsch nach einem bestimmten Geschlecht plötzlich unwichtig werden, wenn Sie auf einen Welpen treffen, der Ihnen spontan besonders gut gefällt.

## Ein Welpe kommt ins Haus

Bereiten Sie Ihre Wohnung vor, sodass Sie Ihrem Welpen gleich ein richtiges Zuhause anbieten können. Im zweiten Kapitel finden Sie die Ansprüche eines Welpen ans Wohnen. Wenn Sie den Welpen mit dem Auto abholen, nehmen Sie eine stabile Transportbox für ihn mit oder fahren Sie besser nicht allein. So kann die Begleitperson während der Fahrt den Hund betreuen. Haben Sie

*Nicht immer zeigt ein Welpe an, dass er müde ist und ihm auch das schönste Spiel mit seinem Menschen langsam zu viel wird. (Foto: INFO-Hund/Krämer)*

eine längere Fahrt, müssen Sie alle eineinhalb Stunden anhalten, damit der Kleine „austreten“ kann.

Wenn er in seinem neuen Zuhause ankommt, hat er im Grunde sechs Bedürfnisse: schlafen, spielen, Zuwendung bekommen, fressen, knabbern und sich entleeren. Spaziergänge sind ihm noch nicht so wichtig, und das Schmusen ist beim Welpen noch eher im Spiel integriert, oder das Streicheln führt einen jungen Hund direkt ins Reich der Träume, was manchen Halter sehr enttäuscht, vor allem Kinder.

Die ersten Tage im neuen Zuhause sollten möglichst nicht hektisch, sondern geruhsam verlaufen. Besuche von Freunden, Nachbarn und allen anderen, die den Hund kennenlernen wollen, müssen warten. Nehmen Sie sich Zeit für den Hund und einige Tage lang nichts anderes vor. Es ist wichtig, dass der Welpe sich in seinem Tempo eingewöhnen kann und alle Familienmitglieder kennenlernt. Er erkundet seine neue Wohnung und wird das alte Zuhause vermissen. Er hat gerade seine Mama und seine Geschwister verlassen und sucht bei Ihnen ein neues Nest. Das Erste, was er bei Ihnen erfahren sollte, ist, wie sehr Sie ihn mögen. Seien Sie einfach nur für ihn da. Futter für den ersten Tag gibt Ihnen sicherlich der Züchter mit, und er wird Sie darüber informieren, wie viel der Welpe bislang bekommen hat. Daran sollten Sie sich erst einmal halten. Dann können Sie, wenn Sie wollen, das Futter allmählich umstellen, indem Sie anderes beimischen.

Für Welpen gibt es spezielles Futter, das dem Bedarf eines Tieres im Wachstum angepasst ist. Manchmal wird es nicht besonders gut vertragen. Dann weichen Sie auf andere Futtersorten aus oder kochen selbst. Welpen dürfen einerseits nicht überfüttert werden, da sie später dann zum Übergewicht neigen, andererseits ist es wichtig, dass sie ausreichend Spurenelemente, Vitamine und Mineralien bekommen.

Der Welpe frist dreimal täglich kleinere Portionen. Später genügen dann ein bis zwei Fütterungen pro Tag.

Die ersten Nächte können schwierig werden. Der Welpe wird sich nachts allein fühlen. Sie können ihm in Ihrem Schlafzimmer eine Ecke einräumen, müssen ihn dann aber auch später dort schlafen lassen. Sofern das Zimmer groß genug ist und der Partner oder die Partnerin damit einverstanden sind, spricht nichts dagegen, den Hund nachts im Schlafzimmer zu haben. Ausgewachsene Berner Sennenhunde können jedoch ziemlich laut schnarchen. Wer das Schlafzimmer zur

Hunde-Tabuzone erklärt, muss es dann ertragen, dass der junge Hund im Flur oder einem anderen Raum nachts jault oder an der Türe kratzt. Geben Sie ihm etwas auf seine Decke, das nach Ihnen riecht. Das wird ihm helfen.

Tun Sie nicht zu viel. Lassen Sie Ihren neuen Wohnungsgefährten an einer ruhigen Stelle ungestört schlafen, so viel er möchte. Gehen Sie nur kurze Strecken mit ihm spazieren. Toben und tollen Sie, solange er es möchte, aber strengen Sie den Welpen nicht zu sehr an, denn er ist noch im Wachstum, und jetzt kann durch Überanstrengung der Grundstein für spätere Knochen- und Gelenkprobleme gelegt werden. Vermeiden Sie vor allem, dass der Welpe Treppen steigt. Im Alter zwischen fünf und zehn Monaten besteht die größte Gefahr, dass der Hund durch Überforderung seine Gelenke nicht normal ausbilden kann und dadurch später unter Arthrose (HD/ED) leiden wird (siehe Abschnitt „Krankheiten").

## Ein wenig Papierkram

Legen Sie zu Hause einen Hundeordner an. Darin verwahren Sie:

Ahnentafel, Impf- oder Heimtierpass, Mikrochipnummer, Tätowierungsnachweis, Hundesteuerunterlagen, die Police zur Hundehaftpflichtversicherung, Sachkundenachweis, Hundeführerschein.

Bei der Gemeinde müssen Sie den Welpen anmelden, wenn er ein halbes Jahr alt ist. Die Haftpflichtversicherung ist spätestens dann abzuschließen, wenn die nächste Prämie zur Privathaftpflichtversicherung fällig ist.

Bis dahin ist der Hund ausnahmsweise in der Privaten mitversichert, dann aber nicht mehr, denn Sie sind verpflichtet, bei Zahlung der Prämie ein neues „Risiko" zu melden, und der Hund ist ein solches. Die Versicherung ist freiwillig, aber Sie sollten unbedingt eine solche abschließen.

*Nach einer Woche fühlt ein Welpe sich langsam „zu Hause". Die ersten Besucher dürfen ihn bewundern kommen. (Foto: INFO-Hund/Krämer)*

# Der Seniorenhund

Wenn er nicht mehr so kann, wie er will, braucht er vor allem eines: Ihr Verständnis und Ihre Aufmerksamkeit. Schon mit sieben, acht Jahren kann Ihr Hund müder und schlapper werden. Längeres Laufen schmerzt ihn, oder sein Kreislauf macht nicht mehr so gut mit, aber jammern oder sich selbst schonen würde er deshalb noch lange nicht.

*Mit sechs Jahren beginnt für einen Sennenhund bereits das Seniorenalter. (Foto: INFO-Hund/Krämer)*

Ein gesunder Sennenhund kann zehn bis zwölf Jahre alt werden, aber viele erreichen das hohe Alter nicht. Nach den Statistiken der Zuchtvereine werden Berner Sennenhunde durchschnittlich nur sieben Jahr alt, halb so alt wie Pudel. Das heißt nun nicht, dass jeder Berni schon früh stirbt, denn Todesfälle durch Krankheit drücken ja den Durchschnitt. Aber Sie sollten wissen, dass Ihr Liebling nicht zu den langlebigen Hunden gehört.

Der Grund liegt vor allem daran, dass Krebserkrankungen in den vergangenen Jahren zunahmen, was auch einen erblichen Hintergrund hat. Die Züchter berücksichtigen dieses Problem inzwischen. Immerhin stirbt jeder zweite Berner Sennenhund an einem Tumor. Rund zwölf Prozent sterben an einem Harnwegsproblem und etwa elf Prozent an Herz-Kreislauf-Versagen.

Auffällig ist jedoch, dass Altersschwäche beim Berner Sennenhund nicht unter den drei Gründen liegt, die am meisten vorkommen. Die Neigung zu Harnwegsproblemen sollte man ernst nehmen. Achten Sie daher auf Blut im Urin. Sollte Ihr Hund anfällig dafür sein, darf er nicht mehr auf kalten Unterlagen (zum Beispiel dem Steinboden) liegen.

Im Alter von rund sechs Jahren wird der Sennenhund ruhiger. Er springt beim Spiel nicht mehr so lange hinter einem Stöckchen her, er geht beim Spaziergang langsamer. Allmählich lässt die Fitness nach und Sie sollten ihm nun weniger zumuten. Gehen Sie lieber einmal öfter spazieren, dafür kürzer. Lange Bergwanderungen und Laufen am Fahrrad sollten Sie dann ganz einstellen. Da Ihr Hund weiterhin die gleiche Freude beim Spaziergang zeigen wird, kann es sein, dass Sie es gar nicht merken, dass er körperlich nachlässt und Schmerzen beim Gehen hat. Beobachten Sie ihn daher aufmerksam.

Wichtig ist auch, dass er durch die nachlassende körperliche Aktivität nicht dick wird. Reduzieren Sie die Futtermenge oder geben Sie Füllstoffe (Reis, Kartoffeln), damit der Hund satt wird, aber nicht zu viel Energie zugeführt bekommt. Es gibt auch spezielles Futter für den weniger aktiven Hund oder den Senior.

Um seinen Magen nicht zu überfordern, kann man auch jetzt dazu übergehen, die tägliche Futtermenge auf eine Portion mehr zu verteilen. Frisst er schlecht, achten Sie bitte auch darauf, dass seine Zähne und sein Zahnfleisch gesund sind. Der Tierarzt sollte übermäßigen Zahnstein entfernen. Da der Hund nun weniger läuft als bisher, können die Krallen zu lang wachsen und beim Gehen schmerzen. Lassen Sie diese kürzen.

Im Alter entwickeln sich auch bestimmte Krankheiten wie Nierenschwäche, Gebärmutterentzündung oder Diabetes. Ein deutliches Anzeichen auf eine solche Erkrankung ist es, wenn der Hund sehr viel trinkt. Veranlassen Sie eine entsprechende Untersuchung und Therapie. Der Hund bekommt eine spezielle Diät.

Jede Verhaltensveränderung kann eine Krankheit als Ursache haben, muss aber nicht. Manchmal sehen die Hunde im Alter schlechter, andere hören nicht mehr so gut. Viele aber werden einfach nur ein bisschen schrullig und eigenwillig, und man sollte beim alten Sennenhund nicht mehr so streng mit den Befehlen umgehen und öfter ein Auge zudrücken, wenn's mit dem Folgen nicht mehr so klappt.

Irgendwann ist der Zeitpunkt gekommen, wo es zu Ende geht. Das kann bedeuten, dass Sie beurteilen müssen, wann der Zeitpunkt gekommen ist, wo das Leiden des alten Hundes größer ist als seine Lebensqualität.

Dieser Zeitpunkt ist bei großen Hundesenioren spätestens dann gekommen, wenn die Beine ihren Körper nicht mehr tragen können. Die Entscheidung liegt aber nicht allein beim Halter, sondern auch beim Tierarzt. Und er wird diese Entscheidung auch nicht leichtfertig treffen. Der Tierarzt kommt zu Ihnen, wenn es Ihnen nicht möglich ist, den Hund ins Auto zu heben. Er wird dem Hund ein Beruhigungsmittel spritzen, ihn in Narkose legen und dann erst einschläfern. Sie müssen also keine schreckliche Szene fürchten. Die Situation ist ja ohnehin schon schlimm genug. Es steht Ihnen frei, den toten Hund in Ihrem Garten zu begraben. Das Grab darf nur nicht am Zaun liegen oder in einem Wasserschutzgebiet, und es muss so tief sein, dass der Körper mit mindestens 50 Zentimeter Erde bedeckt ist. Als Alternative gibt es Hundefriedhöfe, auf denen Sie Ihren Liebling würdevoll begraben können. Letzte Möglichkeit: Der Tierarzt nimmt das tote Tier mit.

# Hunde in der Rechtsprechung

Der Berner Sennenhund gehört nicht zu den gefährlichen Hunderassen. Dennoch kommt es mit ihm gelegentlich zu Beißereien und dann ist er häufig allein aufgrund seiner Größe der Stärkere. Eine Hundehaftpflichtversicherung für ihn abzuschließen ist daher besonders wichtig. In manchen Bundesländern ist für das Halten großer Hunde auch eine Sachkundeprüfung gesetzlich vorgeschrieben.

*Falls hier beim Toben ein Hase aufgescheucht wird und der Hund hinterherrennt, ist das für Jäger bereits Wildern. (Foto: INFO-Hund/Krämer)*

## Bellen, Beißen und noch mehr

Ein gut erzogener Hund stellt für seine Umwelt kein Problem dar. Doch manchmal sind Hunde auch ein wenig unberechenbar. Wenn Sie mit anderen Menschen Ärger wegen Ihres Hundes bekommen, sollten Sie wissen, was zu tun ist. Sie haben aber auch als Hundehalter Rechte. Sehen Sie hier die wichtigsten Probleme, die auftauchen können, und wie Richter in der Vergangenheit damit umgingen.

### Häufchenprobleme

Städte und auch manche Gemeinden untersagen es in örtlichen Verordnungen, dass man Häufchen vom Hund auf einem Gehsteig, einem Spazierweg oder in einer öffentlichen Parkanlage oder gar auf einem Spielplatz liegen lässt. Sie sind als Hundehalter verpflichtet, das Häufchen dort zu beseitigen. Ein verantwortungsvoller Hundehalter tut dies ohnehin und lässt den Hund sein Geschäft nicht da verrichten, wo andere leicht hineintreten können. Es ist reine Erziehungssache, dass der Hund sich andere Orte aussucht, etwa einen Randstreifen oder ein Gebüsch. Da ein Sennenhund relativ große Häufchen produziert, ist es sinnvoll, bei einem Spaziergang etwas mitzunehmen, um den Kot zu beseitigen. Manche Hundehalter nehmen einen kleinen Klappspaten oder ein Gartenschippchen mit und befördern den Kot ins Gebüsch, graben ihn ein oder decken ihn wenigstens mit Erde zu. Andere stecken ihn in eine Plastiktüte und werfen diese in einen Mülleimer. Wenn Sie ein Hundehäufchen im Park liegen lassen und erwischt werden, kann der Kontrolleur ein Bußgeld verhängen.

### Bellen

Dass Hunde bellen, ist normal und damit nicht prinzipiell von einem Nachbarn per Gerichtsklage verbietbar. Es kommt jedoch auf die Häufigkeit und die Intensität des Gebells an.

Sennenhunde bellen zwar sehr laut mit sonorer Stimme, doch sind sie keine Kläffer. Wenn ein Nachbar Sie anzeigt, weil ihn das Gebell stört, wird das Gericht sich an einige Vergleichsfälle halten, die die Bellzeiten einschränken. Dann darf der Hund nicht mehr an Sonn- und Feiertagen draußen bellen und auch nicht zu den Ruhezeiten nachts oder mittags. Vormittags und nachmittags wird dann die Zeit ununterbrochenen Gebells auf 10 Minuten und die Gesamtbellzeit auf 30 Minuten beschränkt. Wer solches Urteil insgesamt beschränkt findet, mag so unrecht nicht haben. Doch die Gerichte können sich in diesen Fällen nicht anders behelfen. Besser ist es, dem Hund das Bellen abzugewöhnen. Wie das geht, lesen Sie im Kapitel „Erziehung“.

### Hundeverbot

„Wir dürfen hier nicht hinein“, steht an vielen Geschäften. Dort, wo Lebensmittel verkauft werden, ist ein Hund regelmäßig verboten, ausgenommen in Restaurants. Hier sollten Sie den Wirt fragen, bevor Sie mit Ihrem Berner einen Tisch ansteuern. Der Wirt hat das Hausrecht und kann Sie mit Ihrem Hund hinausbitten. Für Hotels und Pensionen, für Campingplätze und viele Freizeit- und Sporteinrichtungen, etwa einen Golfplatz, einen Vergnügungspark oder einen Zoo, gilt dasselbe. Besser ist, Sie fragen immer vorher, bevor Sie den Hund mitnehmen. Auf Friedhöfen, Kinderspielplätzen oder in Strandbädern sind Hunde in der Regel ganz verboten.

### Leinenzwang

Dort, wo Hunde erlaubt sind, kann eine Anleinpflicht bestehen. Sie wird dem Hundehalter häufig am Eingang einer Parkanlage oder am Rande eines Naturschutz-, Landschaftsschutz- oder Vogelschutzgebietes mithilfe eines entsprechenden Symbolschildes mitgeteilt. Wer dieses nicht gesehen hat, riskiert ein Bußgeld. Es ist auch nicht unbedingt nötig, dass der Hundehalter extra mit einem Schild darauf hingewiesen wird, denn es kann auch eine generelle Gemeindeverordnung gültig sein. Über die Vorschriften an Ihrem Wohnort sollten Sie sich beim Ordnungsamt erkundigen, vor allem dann, wenn Sie Ihren Hund gern frei laufen lassen, wo auch viele andere Menschen spazieren gehen und die Gefahr groß ist, dass sich einmal jemand beschwert.

### Gefährliche Hunde

In fast allen Bundesländern gibt es Verordnungen, die das Halten von gefährlichen Hunden regeln. Als gefährlich werden in der Regel solche Hunde definiert, die einmal einen Menschen gebissen oder andere Tiere angegriffen haben. Solche Hunde muss man besonders beaufsichtigen, man darf sie nicht unangeleint umherlaufen lassen und muss den Garten so stabil einzäunen, dass das Tier nicht entwischen kann. Dort, wo keine spezielle Hundeverordnung gilt, können Polizei und Ordnungsamt auch aufgrund der allgemeinen Gesetzeslage einschreiten, denn nirgends ist es erlaubt, andere Personen an Leib und Leben zu gefährden, auch nicht mit einem Hund. Die Behörden schreiten aber meistens erst dann ein, wenn tatsächlich etwas passiert ist. Sie verhängen in Einzelfällen Geldbußen, Leinenpflicht, Maulkorbzwang oder ein Hundehalteverbot. Berner Sennenhunde sind nur selten angriffslustig oder gefährlich. In Fällen krankhafter Aggressivität wird das Tier normalerweise eingeschläfert werden müssen.

### Besondere Vorschriften

Aber auch das Halten von friedfertigen Sennenhunden wird in manchen Bundesländern stark reglementiert, mit Leinenzwang, Halsbandpflicht, Kennzeichnungspflicht und vielem mehr. In Schleswig-Holstein, Berlin und Bremen dürfen zum Beispiel läufige Hündinnen nur an der Leine geführt werden, und alle Hunde müssen außerhalb des heimischen Grundstücks immer ein Halsband tragen. In Mecklenburg-Vorpommern und Berlin ist es ähnlich verboten, Hunde außerhalb des befriedeten Besitztums ohne Aufsicht frei laufen zu lassen, und Vorschrift, ein Halsband mit Namen und Wohnanschrift des Hundehalters oder mit gültiger Steuermarke anzulegen. Außerdem sind Hunde dort so zu halten, dass sie das befriedete Besitztum nicht gegen den Willen des Halters verlassen können. In Hamburg ist sogar noch die Länge der Leine vorgeschrieben, nämlich maximal zwei Meter.

### Sachkundenachweis

Die strengsten Bestimmungen hat das Land Nordrhein-Westfalen erlassen: Berner Sennenhunde müssen wie alle großen Hunde mit einem fälschungssicheren Mikrochip gekennzeichnet und bei der Stadt oder Gemeinde gemeldet sein. Damit nicht genug: Der Halter des Sennenhundes muss einen amtstierärztlich bestätigten Sachkundenachweis erbringen. Dieser wird nur dann nicht verlangt, wenn jemand seinen Sennenhund schon länger als drei Jahre besitzt, ohne dass es Zwischenfälle mit ihm gab. Das ist wichtig für Hundefreunde, die nach NRW ziehen. Für den Sachkundenachweis bieten die Hundevereine spezielle Kurse an, wobei es den Behörden egal ist, wo und bei welcher Organisation oder welchem Verein die Bescheinigung erworben wird. Der Sennenhundhalter kann als Ersatz auch eine bestandene Begleithundprüfung oder einen Hundeführerschein vorlegen, wie ihn der VDH (www.vdh.de) anbietet. Die Amtstierärzte orientieren sich mit ihren Prüfungsfragen ohnehin an diesem Hundeführerschein.

*In manchen Gemeinden ist es ein Muss, zu jedem Spaziergang etwas mitzunehmen, womit notfalls Kot beseitigt werden kann. (Foto: G. Abels)*

### VDH-Hundeführerschein

Bei ihm stehen drei Aspekte im Mittelpunkt: Sachkunde des Halters sowie Gehorsam und Sozialverträglichkeit des Hundes. Der VDH beschreibt die Inhalte des Hundeführerscheins wie folgt: „Hunde müssen erzogen sein und eine Grundausbildung haben. Sie müssen jederzeit durch den Hundeführer kontrollierbar sein – sie müssen gehorsam sein. Hierzu werden die wichtigsten Grundübungen im Rahmen des Vorbereitungskurses erarbeitet. Dies geschieht durch den Hundehalter, der unter fachmännischer Anleitung seinen Hund ausbildet. Hierbei steht nicht die exakte Ausführung der Übungen im Vordergrund, sondern die Erarbeitung einer engen vertrauensvollen Beziehung zwischen Hundehalter und Hund, die dazu führt, dass der Hund in jeder Situation und an jedem Ort durch den Hundehalter kontrolliert werden kann. Der Gehorsam des Hundes wird im Rahmen einer Prüfung durch einen neutralen Prüfer bewertet."

### Die Rechte der Jäger

Der Hundehalter muss sich klar darüber sein, dass ein Jäger das Recht hat, einen Hund im Wald, auf einer Wiese oder auch auf einem Feld zu erschießen, wenn dieser wildert, also Reh und Hase nachstellt. Sennenhunde wildern gelegentlich, das heißt, sie rennen einem Wildtier hinterher, aber nur junge und aktive Exemplare erwischen dann auch die Beute. Solange ein Hund brav auf dem Weg bleibt und auf Zuruf zum Halter kommt, darf er eigentlich nicht erschossen werden, was leider doch gelegentlich passiert. Denn es gibt noch immer Jäger, die meinen, der Wald gehörte ihnen allein und sie dürften dort jeden Hund erschießen, der unangeleint ist. Dass dies ein Irrtum

ist, nützt dem erschossenen Hund wenig. Da aber immer wieder Richter einen solchen Jäger verurteilen, ist die Zunft zumindest inzwischen aufmerksamer und vorsichtiger geworden, wie es scheint.

Wenn Sie wissen, dass ein schießwütiger Forstmann im Revier umgeht, meiden Sie möglichst diesen Bereich oder halten Sie Ihren Hund dicht bei sich. Im Abstand von 200 Metern (teilweise auch 300 Metern, je nach Bundesland) vom nächsten Wohnhaus entfernt, darf ein Jäger gar nicht auf Haustiere schießen.

## Versicherungen für Hunde

Alle großen Versicherungsgesellschaften bieten alle eine Hundehalterhaftpflicht-Police. Diese unterscheiden sich in vielen Details, von denen die Deckungssumme allein dem Hundehalter nicht das wichtigste Kriterium sein sollte. Eine Million oder 15 Millionen – der Unterschied klingt hoch, allerdings verursacht ein Hund selten einen Schaden über 20000 Euro, aber man weiß ja nie… Fragen Sie daher nicht nur nach dem Höchstbetrag, den eine Gesellschaft im Schadensfall zahlt, sondern vor allem, in welchen Fällen sie die Kosten trägt und in welchen nicht. Da die Angebote so stark variieren, von 40 Euro im Jahr hinauf bis zu mehreren Hundert Euro jährlich (bei einer Mehrhundeversicherung) ist es schwierig, einen einfachen Preisvergleich zu ziehen. Entscheiden Sie deshalb, was für Sie selbst besonders wichtige Kriterien sind und suchen Sie sich dann den zu Ihrer Vorstellung passenden Anbieter heraus. Der Halter eines gut erzogenen Familienhundes kommt mit einer Police im mittleren Preissegment zwischen 70 und 110 Euro normalerweise gut hin.

Eine Tier-Krankenversicherung ist heute ein durchaus überlegenswertes Angebot. Im Basisschutz zu rund 250 Euro sind Unfall-Folgen in jeder Höhe versichert, Operationen aus anderen Gründen jedoch nicht. Diese kann man für weitere 120 Euro extra versichern. Um dies anbieten zu können, aber wurde die Jahreshöchstgrenze für sonstige, allgemeine Erstattungen beim Hund auf 500 Euro festgelegt, d.h. der Versicherer erstattet Tierarztrechnungen bis zu dieser Summe. Damit kommen die meisten Tierhalter gut hin, und auch noch ein weiterer Tierarztbesuch kann noch mit drin sein, bis diese Höchstgrenze erreicht ist.

## Hundesteuer

Für einen großen Hund zahlen Sie die gleiche Hundesteuer wie für einen Kleinhund. Ausnahmen gibt es für bestimmte Rassen, die manchmal unrichtigerweise als „Kampfhunde“ bezeichnet werden. Über die Zuordnung einzelner Rassen wird immer wieder gestritten, doch der Sennenhund gehört auf keinen Fall in diese Kategorie. Unterschiede in der Hundesteuer gibt es regional: In großen Städten zahlen Sie mehr als in kleinen. Der höchste Steuersatz liegt bei 156 Euro jährlich in Köln. Es gibt für ausgebildete Rettungs- und Suchhunde, für Behindertenbegleithunde, für Hunde von Sozialhilfeempfängern und psychisch Kranken in vielen Städten eine Ermäßigung oder einen Erlass der Hundesteuer. Erkundigen Sie sich danach bei der Verwaltung oder beim Steueramt Ihrer Gemeinde.

# Adressen

## Sennenhund-Vereine

Deutschland
**Deutscher Club**
**für Berner Sennenhunde e.V. DCBS**
Konrad-Adenauer-Allee 54
D-68519 Vierheim
www.dcbs.de

**Schweizer Sennenhunde Verein**
**für Deutschland e.V. (SSV)**
Am Vogelherd 2
D-90587 Obermichlbach
www.ssv-ev.de

**Berner Sennenhunde Club e.V. BSC**
Hasenberger Weg 10
D-42897 Remscheid
www.berner-sennenhunde-club.de

Österreich
**Verein für Schweizer Sennenhunde**
**in Österreich (VSSÖ)**
Lichtenberg 89
A-4161 Ulrichsberg
(Welpenvermittlung: Gabriela Agnelli,
Löwengasse 8, A-2230 Gänserndorf/Süd)
www.sennenhunde.org

**1. Berner Sennenhunde Zuchtverband**
Hauptstraße 39
A-2214 Auersthal
www.berner-austria.at

Schweiz
**Schweizerischer Klub**
**für Berner Sennenhunde**
Grüsshaldenstraße 10
CH-6390 Engelberg
www.bernersennenhund.ch

**Schweizer Sennenhund-Verein**
Nur Internet: www.bmd.ch

## Tierfriedhöfe

Eine Liste von Tierfriedhöfen erhalten
Sie bei „Ein Herz für Tiere“
Internet: www.herz-fuer-tiere.de

## Hunderegistrierung

Tasso
**Haustierzentralregister**
Frankfurter Straße 20
D-65795 Hattersheim

oder:

Zentrales Haustierregister
**Deutscher Tierschutzbund**
Baumschulallee 15
D-53115 Bonn

## Weiterführende Literatur (Auswahl)

Roger Mugford
**Hunde auf der Couch**
Verhaltenstherapie bei Hunden
Kynos Verlag

Margret Bärtschi, Hansjoachim Spengler
**Hunde sehen züchten erleben**
Das Buch vom Berner Sennenhund
Haupt Verlag

Gudrun Beckmann
**Der Große Hunde-Knigge**
Kynos Verlag

Susanne Kerl
**Hunde kaufen mit Verstand**
Müller Rüschlikon Verlag

Wolfgang Becvar
**Naturheilkunde für Hunde**
Kosmos Verlag